CONTENTS

" CAMINO A LA LIBERTAD DEL SER"	3
Sahasrara está en la corona de la cabeza, es color violeta.	11
CAPITULO SEGUNDO	13
CAMINO A LA LIBERTAD DEL SER	17
Yin y Yang	18
Frases de Aristóteles.	25
Cuarto capítulo.	39
Muestra de los siete cuerpos astrales del ser humano. (chakras)	46
Célula humana,	48
Un cambio de pensamiento mejora tu vida.	50
QUINTO CAPÍTULO	53
CAPÍTULO SEXTO	61
Otro ejercicio para poder tener visión interna.	65
Preparando nuestro cuerpo físico.	67
CAPÍTULO SEPTIMO.	78
También debemos preparar la parte sicológica.	79
ENERGIA KUNDALINI	85
CAPÍTULO OCTAVO	88
CAPÍTULO NOVENO	93
Estos son los 7 chakras.	95

CAPITULO ONCE	101
Conciencia Universal	104
CAPÍTULO DOCE	109
CAPITULO TRECE	117
¿Cuántas veces deberías masticar tu comida?	119
CAMBIANDO LOS HABITOS DE ALIMENTACIÓN	121
Comer conscientemente en el trabajo	126
CONCIENCIA UNIVERSAL.	128

Autora Zully Salinas Moris, Nacida en Uruguay, el 10 de junio de 1949. Autora de la serie" MI VIDA ES MÁGICA". Donde encontraran su autobiografía, "MI VIDA ES MÁGICA" (un toque de magia al Destino,)

MI VIDA ES MÁGICA 2 (Testimonios y Videncias)

HADAS DUENDES Y GIGANTES (brincando por el bosque) cuento infantil,

LA RED DEL COCTOR "K "(la gran estafa a los corazones),

LA VIDA EN EL JARDÍN (Contemplando la Naturaleza)

" EL PLAN" (Macabro de la Miseria)

"LA SEMILLA MÁGICA (Helga y el Conejo) Infantil lleno de magia.

" CAMINO A LA LIBERTAD DEL SER"

AURORA ZULLY SALINAS MORIS

APRENDIENDO A RESPIRAR

ARBOL DE LAS ALMAS

PRIMER CAPÍTULO

7 de septiembre. Del año 2022

Con este libro y lo que encuentras en las instrucciones que leerás en él, llegarás a tu interior más profundo, para volver a sentir todo lo que sabías y ya no recordabas

Se llama energía kundalini, es la serpiente que reside en la base de la columna vertebral, está enroscada en sánscrito significa, Serpentina.

Esta serpiente representa la energía divina femenina, que reside en todos los seres vivos que provoca un estado de dicha y armonía, una vez que se despierta.

Este libro es para transmitir conocimientos, y a la vez, ayudar a otros a que se conozcan a sí mismos, para poder encontrar el camino a la libertad Individual, del Ser

Muchos se preguntarán qué significa el camino a la libertad del Ser, como dice la portada de este libro.

Aquí compartiré conocimientos que traigo de mis antepasados celestiales todos venimos de vivir millones de años, somos almas antiguas que hemos vuelto a reencarnar, quizá muchas personas no crean en esta realidad, o no quieran admitirla.

Debemos comenzar por algo muy importante que nosotros no solo somos un cuerpo, tenemos un alma y un espíritu.

O sea, somos una triada perfecta, un campo morfogenético. Morfo, que viene de las formas y Génesis de la creación.

La acción de este campo, implica acción a distancia tanto en espacio como en tiempo. Más que una forma que es determinada por las leyes físicas al margen del tiempo, depende de la resonancia mórfica que atraviesa el tiempo.

Quiere decir que los campos mórficos se pueden propagar a través del espacio y el tiempo, y que los acontecimientos pasados pueden influir sobre otros sucesos en cualquier otro lugar.

El científico y psicólogo John Broadus Watson, comprobó esta teoría que después de que un grupo de monos aprendiera un nuevo comportamiento, sus congéneres de otras islas próximas sin medios normales de comunicación, también aprendieron repentinamente dicho comportamiento, sin que en ningún momento se produjeran contactos directos, esta teoría es de conductismo, este es el enfoque sistemático para comprender el comportamiento de los humanos y otros animales, aunque el comportamiento es un reflejo evocado por el emparejamiento de ciertos estímulos, antecedentes en el entorno o una consecuencia de la historia de ese individuo. Científicamente se ha comprobado que ese mismo efecto es aplicable a la física cuántica. el experimento realizado por Einstein, Podolski y otros científicos, demostraron la posibilidad de conexiones no locales, es decir, sutiles conexiones de partículas distantes, sería tal vez, que no se podría atribuir el campo formativo exclusivamente a una particular, sino al total.

En conclusión, los físicos dicen que no existen entidades esenciales que constituyan la materia, pues el Universo es un todo inseparable, una vasta trama de probabilidades que se entretejen y que el Universo está manifiesto surge del todo.

Humildemente, pienso que en tanto somos partes inseparables de ese todo, todos podemos entrar en un estado holístico de Ser, convertirnos en el todo y penetrar en los poderes creativos del Universo, para curar instantáneamente a cualquiera en cualquier sitio, algunos sanadores lo pueden lograr hasta cierto punto funcionándose si, convirtiéndose en uno con Dios y el paciente.

Llegar a ser sanador significa avanzar hacia este poder creativo universal, que experimentamos como amor al Rey, identificar el yo con el Universo y convertirnos en universales, haciéndonos uno con Dios.

Un escalón hacia esta plenitud consiste en despojarnos de las limitadas autodefiniciones más basadas en nuestro pasado Newtoniano de partes separadas, e identificarnos con los campos energéticos al lograr esto, integrarlo a nuestra realidad de forma práctica a nuestras vidas.

Podremos separar la fantasía de una realidad que posiblemente será más amplia.

Cuando logramos esto, la conciencia superior se manifiesta con una frecuencia más elevada y con coherencia aumentada.

Nosotros poseemos siete chakras, son los más importantes estos se encuentran alineados a lo largo del cuerpo recorre desde el cráneo, hasta donde termina la columna vertebral.

El primero se llama;

Muladhara o Raíz está ubicado entre los órganos sexuales y el ano, su color es de un rojo fuerte, es el primer centro energético, se relaciona con el elemento tierra, se asocia con la seguridad y supervivencia

El segundo

Vadhisthana está ubicado. entre la pelvis y el ombligo este es de color naranja, elemento, agua, creatividad sentir, desear, rige órganos sexuales.

El tercero se llama

Manipura es de color amarillo y está. en la boca del estómago recibe el nombre de ciudad de las Joyas o asiento de gemas, debajo del plexo solar.

El cuarto. Se llama

Anahata, es de un color verde. está ubicado. en el esternón. a la altura del corazón este es el chakra del corazón, está en el centro del esternón.

El quinto. Se llama

Vishuddha, es de color índigo. está en la garganta, también se les llama Yam.

El sexto, Se llama.

Ajna es de color azul índigo, está en la frente, entre las dos cejas y se le adjudica que representa el tercer ojo.

El Séptimo Chakra que se llama;

SAHASRARA ESTÁ EN LA CORONA DE LA CABEZA, ES COLOR VIOLETA.

éste cumple la función de conectarnos. Con el Universo y lo divino.

Imagen representativa, de los colores de los chakras y ubicación de los mismos.

Más adelante hablaremos de cada uno de ellos y las funciones que cumplen, porque es muy importante después que les comparta la forma en que se trabajan los mismos para poder encontrar, y descubrir el poder que tiene cada uno de ellos.

CAPITULO SEGUNDO

Estos conocimientos que compartiré, es una ciencia médica que nació hace aproximadamente 3000 años y fue profundizada en varias etapas, en un principio fue llamado Védico, la medicina ayurveda se desarrolló sobre la teoría de los tres elementos constituyentes de la naturaleza, material, el agua, el fuego y el aire.

Más tarde. llegó el perfeccionamiento de las prácticas médicas, fue una etapa de experimentación, investigación y documentación surgen así los

SIDDHAS- médicos alquimistas donde cada uno poseía una especialidad, ginecología, pediatría, obstetricia.

En los comienzos de la Edad Media, a través de un gran intercambio cultural entre pueblos europeos, árabes e indios, la medicina ayurveda ejerció gran influencia en otros pueblos.

Debido a esa interacción cultural, esta práctica médica logró un gran esplendor, pero durante la dominación del imperio británico en la India, el ayurveda quedó relegado a la categoría de práctica pagana y marginal.

La medicina ayurveda, considera al ser humano como un ente único e indivisible, no tiene en cuenta la separación entre el cuerpo, el alma y la psiquis, sino que la entiende como una triada inseparable.

Hago referencia a este conocimiento debido a lo que vamos a tratar aquí en el camino a la libertad del Ser.

Ayurveda significa en sánscrito, leyes de la salud y en la antigüedad era y es un libro que forma parte de las Vedas, estos son textos sagrados milenarios de la India.

Para el ayurveda, la vida se halla dividida. en diferentes fuerzas cósmicas.

TRIDESHA. Los tres elementos, aire, agua y fuego.

DOSHAS. Fuerzas cósmicas que intervienen en las funciones humanas. subdivididos a su vez en dos aspectos el púrusha, o materia y el Pratriki, o esencia.

PURUSHA Significa la vida física del hombre y su conciencia. el púrusha tiene los componentes materiales en los estados de conducta equilibrados y racionales, la tendencia positiva del ser humano. y también los impulsos negativos del hombre.

Prakriti. Es lo no manifiesto, el inconsciente y el espíritu.

El prakriti a su vez. comprende tres partes.

MAHAT. Los enlaces del individuo con el Ser cósmico,o dicho de otro modo, su aspecto divino.

AHAMKARA La voluntad del hombre.

ABHIMANA El orgullo, el bien entendido, el estímulo de amor interno hacia sí mismo que impulsa el hombre, a superarse y evolucionar espiritualmente.

Esto se debía tener en cuenta como clasificaciones enumeradas, en una diversificación más sutil, se creó la siguiente diferenciación.

El **PAKRITI** se compone de cinco principios esenciales, el éter, el agua, el fuego, la tierra y el aire, en realidad, todos estos principios tienen que ver con los chakras, porque incluyen las funciones corporales relacionadas con el aire, como la respiración el habla, la digestión, la vejiga, las vísceras, es decir, las que guardan sustancias dentro de las cuales siempre hay movimientos corporales la relajación y la contracción y el descanso, después hay otro de los chakras que significa el sol, en lo corporal interviene en la fisiología del vaso, el corazón y los ojos, consideraban que luego de la acción es decir al recibir alimento y digerirlo se obtiene como resultante la bilis, esta a su vez, da origen desde el hígado a la hemoglobina de la sangre a continuación, el corazón recibe la sangre y se ocupa de distribuirla por todo el cuerpo y alimentar todos los órganos, están los otros chakras. que rigen los flujos y reflujos de todos los fluidos corporales, del mismo modo que la luna controla las mareas de las aguas de la tierra, los líquidos encefalorraquídeo se equilibran, el sistema nervioso, las mucosas de la boca, nariz y vagina equilibran dichos órganos, el fluido gástrico armoniza la digestión y los líquidos sinoviales, mantienen lubricadas las articulaciones.

Todas estas funciones son regidas por los chakras. a través de una relación de reciprocidad y adaptación mutua, entre los mismos en primer lugar, se busca la buena relación con el cuerpo como consideraban antiguamente, la unidad total del Ser.

El médico, en ayurveda. primero hace equilibrar el aspecto espiritual, para que se observe dicho efecto, en las enfermedades físicas, de este modo es también un guía espiritual.

El individuo, antiguamente aprendía paso a paso el camino de la elevación, modificando hábitos cotidianos nocivos, superar instintos mecánicos y equilibrar la dieta eran las primeras armas terapéuticas de las que se vale el ayurveda, lo que transmito aquí que es muy interesante que usted lector, conozca otra forma de entender el cuidado del ser humano, razón por la cual, doy estos conceptos que les serán de utilidad, para la explicación de las bases que sustentan esta técnica del conocimiento del Ser.

En la actualidad, el ayurveda. se está usando por los mismos, profesionales de la medicina convencional porque han reconocido que esto es realmente, muy efectivo. en las prácticas de la sanación.

CAMINO A LA LIBERTAD DEL SER

APRENDIENDO A RESPIRAR

YIN Y YANG

La interacción del Yin y el Yang, da lugar al nacimiento de una cadena vital de cinco elementos fundamentales de la naturaleza.

Esta teoría nada tiene que ver con los cuatro elementos de la astrología, ni con los elementos naturales del griego Heráclito.

El Tao qué es el principio supremo e impersonal, de orden y de unidad del Universo, según el taoísmo.

El Tao es el fundamento de toda la existencia, la cual es una doctrina.

Se manifiesta a través del Yin y el Yang éstos a su vez, dan origen a cinco elementos.

Madera, fuego, tierra, metal y agua, los elementos dan nacimiento uno a otro en un orden perfecto, y regular.

Aquí de alguna manera. relaciono todo lo que tiene que ver con el conocimiento de los elementos que se mueven alrededor nuestro, y que tienen que ver con nuestra materia y campo energético.

El fuego es madre de la tierra, la tierra es madre del metal. el metal es madre del agua, el agua es madre de la madera, la madera es madre del fuego y así sucesivamente.

Esta cadena de generación de los elementos, daría lugar a un crecimiento ilimitado, sino fuera por la ley de control o ley de dominancia.

Esta ley indica que cada elemento domina el crecimiento de su nieto. Es decir que frena su rápido crecimiento, para impedir una sobrepoblación.

La Madera domina la tierra, ya que las raíces del árbol penetran en la profundidad del suelo.

El Fuego controla el metal, ya que puede fundirlo.

La Tierra domina el agua con la posibilidad de absorberla.

El metal domina la madera. como la hoja del hacha que parte el tronco.

El agua domina el fuego ya que puede apagarlo.

Estas leyes de dominancia y generación se aplican en, varias técnicas de tratamiento del cuerpo a través de la acupuntura, por ejemplo, también en la práctica de la meditación.

En virtud de que, cada órgano y cada víscera corresponde a uno de los cinco elementos, la misma se da en varias técnicas de tratamiento en el cuerpo.

A partir de las leyes de los cinco elementos, se puede enunciar que la tonificación de la madre, tonifica también al hijo, por ejemplo.

Tonificando el pulmón se tonifica en consecuencia el riñón.

Del mismo modo, sedando al hijo se seda por añadidura a la madre.

Por ejemplo, si se seda el intestino delgado se sedará también, la vesícula biliar.

En la relación de dominancia los efectos son, justamente los opuestos.

Por ejemplo, si se tonifica el corazón, se estará sedando al pulmón por ser su nieto o dominado.

Signo que juega un rol fundamental, en el manejo de las energías, y el conocimiento del yo interno.

Este concepto de Yin y Yang es otro aspecto. marcadamente oriental de entender cómo funciona la energía, un aspecto que es fundamental para el conjunto de la cosmología en Oriente y para la percepción oriental, de cómo se organiza el cuerpo, este se estableció hace miles de años.

En el texto clásico chino I Ching y libro de los cambios, pero la percepción del mismo, probablemente se remonta a tiempos aún más lejanos.

Todas las energías y todos los fenómenos del Universo, se

clasifican como de signo predominante más Yin o más Yang

Pero cada fenómeno contiene un elemento de cada signo, tal y como se expresa en el famoso símbolo arriba y conviene recordar que el análisis solo puede utilizarse comparativamente, ninguna fuerza o fenómeno es absolutamente Yin o Yang, sino solo en comparación con, o en el contexto de otro fenómeno fuerza, además la manifestación de los dos tipos de energía es dinámica, cambia e interactúa constantemente, como ocurre en ciclos naturales y progresivos como día y noche, verano e invierno, concepción y muerte, etcétera.

Así las cualidades de Yin y Yang perspectivamente suelen describirse en términos de partes correspondientes de adjetivos contrarios, claro y oscuro, caliente y frío, masculino y femenino, activo y pasivo, etcétera la energía positiva es la Yang o sea la más dinámica, activa y manifiesta., externamente

La energía Yin es más pasiva, interiorizada e intrínsecamente menos evidente.

Pero estos son contrarios complementarios y tienden siempre a funcionar juntos, para llevar cualquier situación a un estado de equilibrio y resolución.

El fenómeno es el siguiente, extremadamente si se volverá menos extremo, al atraer a un elemento de energía de carácter Yang y viceversa.

Por ejemplo, quietud es el Yin, movimiento es el Yang, sombra es el Yin, sol es el Yang, frío el Yin, calor el Yang.

Explico esta diferencia entre uno y otro porque realmente, los dos juntos es lograr el equilibrio.

Estos canales de energía corren de la siguiente manera, una por la parte posterior y exterior del cuerpo y la otra por la parte anterior del cuerpo.

Ayudan a los chakras a interactuar entre sí, o sea, la energía inicia su recorrido, con la respiración y meditación relacionándose con el funcionamiento de los chakras, por eso he explicado todo esto, para ir paso a paso. transmitiendo el conocimiento del manejo de las energías, para lograr una buena meditación.

Es bueno y responsable saber, que no solo es sentarse a imaginarse que está meditando, no todo consiste en un ejercicio profundamente. estudiado y practicado para poderlo transmitir a otros, la forma de proyectar hacia el Cosmos es algo Divino.

Es una ley de metafísica, que es parte de la filosofía que trata del Ser.

De sus principios, de sus propiedades y de sus causas primarias. esta es la rama de la filosofía, que estudia la naturaleza, estructura componentes y principios fundamentales de la realidad, el pensamiento filosófico del Ser, en cuanto tal, el absoluto.

Dios, el mundo, el alma en esa línea, intenta describir las propiedades, fundamentos, condiciones y causas primarias de la realidad, así como su sentido y finalidad, su objeto de estudio, es lo inmaterial.

De allí su pugna por los positivistas, quienes consideran que sus fundamentos, escapan a la objetividad empírica.

Para Aristóteles esto aborda, lo divino Dios y el absoluto, derivando en la línea teológica y cosmológica que ha aprovechado la religión cristiana, a partir de la edad media con la escolástica y Santo Tomás de Aquino a la cabeza.

Pero no es mi intención aquí hablar de religión.

De Tomás de Aquino, es hacerlo, de uno de los grandes pensadores de la historia, teólogo y doctor de la Iglesia católica, su filosofía fue una de las más influyentes que han existido, principalmente por lograr aglutinar el pensamiento de Aristóteles, con la religión cristiana.

Auténtico Titán de la historia del pensamiento, Tomás de Aquino se convirtió en el máximo representante de la teología de su época y con el paso del tiempo de toda la escolástica, elaboró la influyente doctrina filosófica del Tomismo que tomaba las ideas platónicas que había adoptado el cristianismo anteriormente, y la fundió con la tesis de Aristóteles, dando lugar a un pensamiento que marcaría el futuro de la historia, su labor habría de ser el primer paso para la independencia de la razón, paso decisivo que terminaría por enterrar la filosofía medieval.

Aquí compartiré más adelanten las frases dictadas por Aristóteles.

Es considerado uno de los más importante. principalmente las teorías de la abstracción del acto, potencia y de la analogía es necesario destacar, sin embargo, que la famosa expresión Aristotélico Tomista, es errónea, no pudo entenderse como una filosofía que, comprende Aristóteles y Santo Tomás no hay una filosofía Aristotélico Tomista, sino simplemente Tomista.

Aquí lo que quiero destacar, que marcó claramente los límites de la filosofía y la teología, demostrando a la vez la íntima relación que existe entre ellas, la ciencia, lo natural con lo sobrenatural, consideraba que filosofía y teología eran dos ciencias distintas, dos formas a partir de las cuáles saber, por un lado, la teología se funda en la revelación divina, mientras que la filosofía lo hace en el ejercicio de la razón humana.

La teología, por tanto, no la hace el hombre, sino Dios, al revelarse entonces la verdad la razón si somos capaces de usarla correctamente, también puede permitirnos acercarnos a la verdad, pero no debería haber ningún conflicto entre ambas. pues las dos buscan y encuentran lo mismo, la idea fundamental que se establece aquí, no para demostrar que Dios existe, es que Dios, aunque es invisible e infinito, puede ser demostrado a través de sus afectos.

Los cuales, si son visibles e infinitos, sabemos, por tanto, que Dios es, lo que no podemos saber es, ¿qué es?, existe el movimiento y todo lo que se mueve es movido, a su vez por un motor, éste a su vez, ha sido movido anteriormente por otra secuencia. que se debería seguir hasta el infinito.

Sin embargo, eso no es posible, por lo que tenemos que concluir que existe algo al principio de todo un primer motor, que es el que ha puesto todo el sistema en marcha, a ese primer motor, es a lo que aquí, lo denomina Dios.

Aquí citaré palabras de Tomás Aquino: en esto consiste propiamente amar a alguien, querer el bien para él, el estudioso es el que lleva a los demás a lo que él, ya ha comprendido.

La verdad teme al hombre de un solo libro, todos los hombres por naturaleza, desean saber Justicia es la firme y constante voluntad de dar a cada uno lo suyo, la misericordia es la más grande de las virtudes, ya que a ella pertenece el volcarse en otros y más aún, socorrer sus carencias.

Esto es peculiaridad del Ser superior y por eso se tiene como propio de Dios, tener misericordia lo que se recibe al modo de recipiente, la raíz de la libertad se encuentra en la razón, no hay libertad sino en la verdad.

FRASES DE ARISTÓTELES.

1-La amistad, es un alma que habita en dos cuerpos, un corazón que habita en dos almas. 2 -La verdadera felicidad consiste en hacer el bien.

3- No todo término merece el nombre de Fin. Sino tan solo el que es óptimo,

4.- Las ciencias tienen las raíces amargas pero muy dulces los frutos.

5- La finalidad del arte es dar cuerpo a la esencia secreta de las cosas. No el copiar su apariencia.

6- El hombre nada puede aprender, sino en virtud de lo que sabe.

7-, Lo que con mucho trabajo se adquiere más se ama.

8 -La naturaleza no hace nada en vano.

9 -El hombre solitario es una bestia o un Dios

10. -Un amigo fiel es un alma en dos cuerpos.

Desde mi punto de vista, mucho tiene que ver, la ambigüedad entre Aristóteles y Santo Tomás de Aquino, lo comparo con el Yin y el Yang.

TERCER CAPÍTULO

Ahora hablar de nuestra Alma

El nacimiento se produce en un momento único para el alma que llega, estoy hablando del nacimiento de cada uno de nosotros seres. Humanos.

En este punto, el alma pierde su útero etéreo, protector y queda sujeto por primera vez a las influencias de su entorno, también por primera vez se encuentra sola en el mar de energía que nos rodea, es tocada por ese campo los campos más grandes y fuertes que los cuerpos celestes influyen, además por primera vez sobre el nuevo campo energético, que se suma, al mayor y lo enriquece. es como si hiciera sonar otra nota, añadiéndola a la sinfonía de la vida ya existente, eso es el nacimiento.

Luego el proceso durante la lactancia un despertar lento al mundo físico, el bebé duerme con frecuencia durante bastante tiempo y el alma ocupa sus campos. energéticos más elevados, deja sueltos los campos físicos y les permite realizar el trabajo de construcción del cuerpo.

En si el niño tiene la tarea de ir acostumbrándose a las limitaciones de la sensación física y al mundo en tres dimensiones, ellos tienen que acostumbrarse, a sus progenitores y muchas veces tienen luchas sí, luchas porque todavía tienen conciencia de su vida espiritual y les cuesta desprenderse de ellos, se debaten en ese proceso.

Aquí trabaja el chakra raíz por el cual el alma o ser, que ha llegado a la vida humana se niega a echar raíces en la tierra porque le cuesta desprenderse de sus antiguos compañeros de juegos espirituales

El despertar al mundo físico es un proceso lento, después del nacimiento en lactante duerme casi siempre durante este tiempo, el alma ocupa sus campos energéticos más elevados, deja sueltos los cuerpos físicos y etéreo, y le permite realizar el trabajo de construcción del cuerpo, en los inicios de la vida niña, tiene la tarea de ir, acostumbrándose a las limitaciones de la sensación física, y al mundo en tres dimensiones.

Este proceso en los recién nacidos es como una lucha porque todavía tienen cierta conciencia del mundo espiritual y luchan por abandonar la figura de sus compañeros de juegos y padres espirituales para transferir. todo eso, y los afectos a sus nuevos progenitores, por eso tienen el chakra, séptimo muy abierto, se le llama comúnmente tiene todavía la mollera abierta, cuando nacemos de ahí tratamos de conectar con la tierra y algunos, se resisten se presenta una contrariedad en ese instante, porque les cuesta desprenderse, tanto al recién llegado, como a sus progenitores espirituales del cuerpito que ha nacido, en una palabra, luchan entre dos mundos el del alma que viene de lo celeste y el humano terrenal, que tiene que usar el chakra de la raíz para arraigarse, a su nueva vida terrenal.

Quizá el lector no interprete. correctamente lo que estoy transmitiendo aquí, pero no todos están preparados espiritualmente, o sea, todavía no han logrado, la libertad de su Ser. Entonces cuesta aceptar la realidad, nosotros somos espíritus de luz, todos venimos del Cosmos y reencarnamos en esta vida.

En muchas ocasiones, entre la madre y el hijo, se tienen experiencias que los dos tienen conciencia de los traumas, por los que pasa uno o el otro, aunque puedan estar separados a gran distancia en el nivel físico, de ahí se le llama telepatía.

Entre un ser y el otro y más entre la madre y el hijo, siempre hay un hilo invisible que los conecta, algunos le llaman el cordón, otros simplemente energía biológica.

Y aquí cabe citar también el tema de que muchas veces vamos a un lugar, qué sentimos que estuvimos ahí alguna vez, siendo que no fuimos nunca, eso significa que hemos vivido vidas anteriores. y que, si hemos estado en ese lugar, pero en otra vida en otro plano paralelo, a este al que vivimos hoy un gran porcentaje de personas, han vivido acontecimientos de estar en un lugar donde van por primera vez y con certeza saben que estuvieron ahí y no se explican de qué forma, eso es lo que se llama el haber vivido otras vidas, está el recuerdo en nuestra mente y conciencia, pero olvidado.

Todos tenemos almas antiguas, es cíclico cada alma viene a este planeta a cumplir una misión cuando llega a casa, ya sabe quiénes van a ser sus padres, qué es lo que va a hacer en la vida cuál será su nombre, todas esas cosas están escritas.

Personalmente tuve una experiencia con mi abuela, cuando estaba en el lecho de muerte. de repente revivió diciendo, tuve que volver me dijo quien estaba en una gran puerta que todavía no entraría ahí, me dijo el hombre de gran barba y pelo blanco, que tenía que regresar, entonces dirigiéndose a toda la familia dijo lo siguiente: quiero que sepan que somos unos pobres ignorantes, vivimos toda nuestra vida, pensando que sabemos todo y no sabemos absolutamente nada, yo me encontré en una puerta donde hay un gran libro y todo está escrito, ahí me dijeron que no era el momento, que tenía que regresar para dar este mensaje, después de eso, ella partió definitivamente.

Ya a esa altura de mi vida tenía conocimientos de metafísica y sabía fehacientemente que lo que ella había vivido, en ese instante que pasa de un plano al otro, porque realmente no morimos, sino que pasamos a otra dimensión. Porque lo que muere es el cuerpo, pero el alma sigue viva porque es eterna.

Quizá a usted lector, le parezca un disparate o ya tenga

conocimiento sobre esto, que yo estoy escribiendo aquí.

Pero esto es real, la vida que vivimos acá es paralela a otra, con las personas que partieron de la misma, cuando nacemos de ahí es que tratamos de conectar con la tierra cuando nacemos.

En realidad, esto es maravilloso lo que vivimos mucho tiempo de nuestras vidas ignorándolo, al comenzar a practicar la meditación y tomar conciencia del poder que poseemos a través, de nuestros chakras,toda nuestra vida cambia radicalmente, es lo que ocurre cuando se despierta la conciencia.

Ves el amor de forma diferente, te enamoras del alma de la gente sientes la unidad respiras, paz y tranquilidad, aprecias más tu vida y te vuelves protagonista de ella, y lo más importante, te maravillas a cada momento, a cada minuto de la magia de la existencia y del milagro de estar viva.

En este libro encontrarás la forma de aprender a meditar, a través de ese conocimiento descubrirás la felicidad porque ella no está en las cosas materiales la felicidad real, está dentro de ti, dentro de cada individuo.

Tú dispones ser feliz y sano, que es lo más importante aprendes también a sanar tu cuerpo y evitar que cualquier energía negativa o cualquier virus entre en tu organismo, tú dispones organizas tu propio vivir, y también de las personas que amas. te conviertes en uno con Dios y con el Universo.

Solamente con detenerte a observar la naturaleza cada mañana cuando amanece. ahí está la energía del Sol que, si tú pones la cara al frente y la palma de tus manos abiertas, estás recibiendo a través de tus chakras toda la energía universal que viene del Cosmos.

Al lugar donde todos nosotros pertenecemos, somos pequeñas luces en el Cosmos.

También el escuchar el canto de los pájaros. el ruido del agua en los ríos y en los mares, el sonido del viento, todos esos elementos son fundamentales para nuestro campo energético y el respirar profundamente crear, porque muchos respiramos porque el aire es gratis, el aprender a respirar es el primer paso que debemos dar para lograr una meditación y conectarnos con nuestro propio campo energético y con el Cosmos, ahí está la llave primero aprenderemos a respirar, inhalando por nariz y exhalando por nariz, con labios sellados, sí.

Este ejercicio es fundamental para lograr la meditación, para lograr conectar con los siete chakras que poseemos en nuestro cuerpo y a la vez energizar uno a uno, cada chakra.

Cuando logran dominar la respiración, buscan luego la luz que los va llevando, a un estado que logramos relajar todo el cuerpo, muchas veces al comienzo pueden quedarse dormidos. no se sientan que fracasaron en el intento, no, sino que es muy normal que eso ocurra cuando recién empiezan a experimentar respiración.

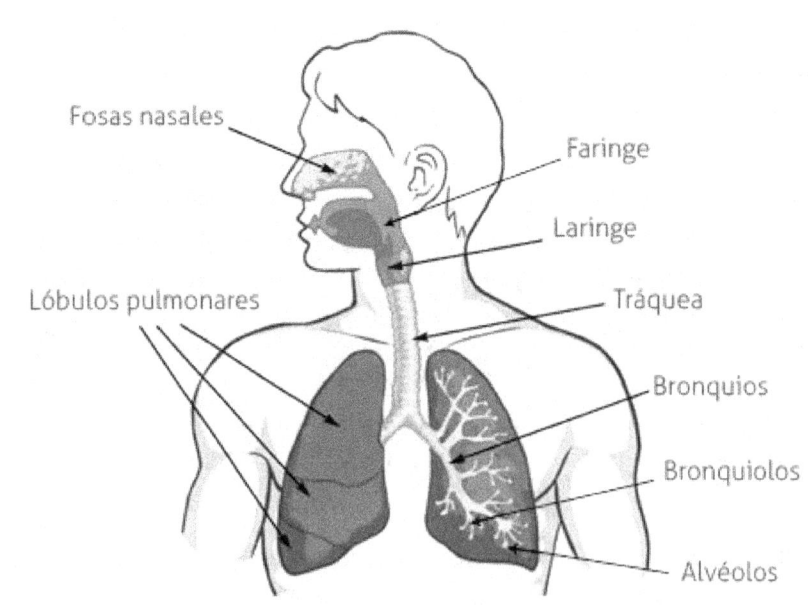

Esta es una imagen significativa para darnos cuenta de lo importante que es la respiración, el tránsito de ese aire que entra y sale, no solo va hasta los pulmones, en la respiración de la meditación sigue mucho más abajo, hasta el primer chakra, el chakra raíz, que se encuentra a la altura de los órganos genitales y el ano y de ahí, vuelve hacia los pulmones siguiendo hasta las fosas nasales y nuestra corona.

De esta manera logramos una respiración relajada, profunda que recorre los siete chakras de una forma muy gratificante, porque se siente un estímulo al hacer aproximadamente de diez a veinte minutos de práctica.

Sepan que esto no es algo que he descubierto yo, adeptos a todas las religiones afirman haber experimentado o visto luces alrededor de las cabezas humanas, mediante prácticas. religiosas tales como la meditación y la oración, alcanzan estados de conciencia ampliada que activan sus capacidades latentes de percepción sensorial elevada, la tradición espiritual de la India, que cuenta con más de 5000 años, habla de una energía denominada Prana, que es universal es básica y es la fuente de toda vida,

El Prana o hálito vital fluye. de todas las formas a las que ha dado vida la manipulación de esta energía la practicamos las personas que practicamos yoga, son técnicas respiratorias y meditación, ejercicios físicos cuya finalidad es mantener un estado alterado de conciencia y de juventud, mucho más allá de su alcance normal.

Los chinos a esta energía le llamaban chi o sea toda materia que está animada o no, está compuesta y transfundida por esta energía universal, el Yin y el Yang son los que contienen las dos fuerzas polares, cuando estas se equilibran el sistema muestra una salud física vital, si es lo contrario, el resultado es la enfermedad Yang.

Por ejemplo, demasiado fuerte y poderoso tiene como consecuencia un exceso de actividad en el organismo, y si el que predomina es el yin, da lugar a un funcionamiento insuficiente, ambos desequilibrados provocan enfermedad física. La antigua técnica de la acupuntura se centra precisamente en equilibrar el Yin y el Yang. como en el shiatsu.

Hasta en el Antiguo Testamento hay testimonios que hacen referencia a la luz que rodea a la gente y a la aparición de luces, pero estos fenómenos perdieron su significado original con el transcurso de los siglos, por eso, alrededor de la cabeza de los Santos se dibuja o se construye un aro de energía o luz alrededor de la cabeza.

Se percibió a comienzos del siglo XIX un fluido universal que penetra toda la naturaleza, no se trata de una materia corpórea o condensable, sino del espíritu virtual puro que invade todos los cuerpos, otro matemático escribió que los elementos esenciales del Universo son centros de fuerzas que contienen su propia fuente de movimiento.

También los cristales, por ejemplo, presentan. una polaridad única, sin ser magnéticos por sí mismo los polos de la fuerza presentan las propiedades subjetivas de resultar calientes, rojos y desagradables, o bien azules fríos y agradables a la sociedad, observaciones de individuos sensibles, también se ha determinado que los polos opuestos no atraen, como en el electromagnetismo. sino que se ha comprobado con la fuerza o dika,(desde afuera hacia adentro) los polos semejantes, se atraen, es decir, el igual atrae al igual, se trata de un fenómeno muy importante para los temas que vamos a tocar acá, la fuerza que fue llamada ódica, o sea fue un experimento al cual se dedicaron muchos años que mostraba muchas propiedades similares a las del campo electromagnético, en el mismo siglo también se descubrieron numerosas propiedades, exclusivas de la fuerza ódica, se le llamó ódica por polaridad magnética.

Diferentes científicos catalogaron a el campo energético, que los llamaron con diferentes nombres, pero todos concordaron en que estamos rodeados de diferentes capas energéticas de diferentes colores, según el estado de salud del ser humano es el color del que se ve el aura, estas son todas investigaciones científicas, nuestro campo energético se refiere a las bandas de colores. alrededor de nuestro cuerpo, inverso a la secuencia de color del arco iris. el centro energético humano. (C.E.H.)

Este es un ejercicio para ver los campos energéticos vitales universales, te tiendes sobre el césped o el campo o un lugar eh, tranquilo te relajas, te acuestas de espalda. tratando de que sea un día agradable, soleado. y dejar que la mirada vague por el cielo sin pensar en nada podrás observar después de un rato unos glóbulos diminutos que forman dibujos garabateados, sobre el fondo azul celeste, como diminutas bolas blancas, en ocasiones con una mancha negra que aparece durante un par de segundos dejan una estela. y desaparecen de nuevo sigue mirando y amplías la visión y empiezas a ver que todo el campo ampliado, en la vista con un ritmo sincronizado si hay sol, las minutas bolas de energía serán brillantes y se moverán con rapidez, sí está nublado resultarán más traslúcidas, su movimiento será más lento y menos cantidad, en una ciudad con el cielo contaminado se verá en menor número oscuras y con movimientos lentos, están más cargadas la luz solar, es la que carga esos glóbulos y ahora sacan la vista la dirigen a la copa de los árboles que están iluminadas por el cielo azul y pueden ver una neblina verde. que las rodea van a poder observar que la neblina no contiene glóbulos, sin embargo. mirando muy fijo en el borde de la neblina verde, se ven glóbulos que cambian su dibujo, garabateado y penetran en el aura del árbol. donde desaparece, aparentemente es como si el aura los absorbe, y el verde alrededor de los árboles aparece en la fase de nacimiento de las hojas, en primavera y verano, en este momento de la primavera es el momento especial, porque todos los árboles tienen un matiz rojizo, rojo, similar al color de sus yemas.

Y ahora sí observamos una planta en casa. vemos un fenómeno parecido, si la ponen a la luz brillante del día con un fondo oscuro detrás, podrán apreciar las líneas de color verde azulado que destellan hacia arriba a lo largo de las hojas, y estas largarán un destello, luego el color se desvanece lentamente para destellar de nuevo. a veces en el lado opuesto de la planta y reaccionarán con la mano o con un trozo de cristal, si se aproxima a la planta acercan un trozo de cristal a la planta, y lo van alejando, verán. que el aura de esta se estira para no perder el contacto, se estiran como el caramelo.

Todos estos pequeños experimentos, nos comprueban del campo energético, que rodea a todas las cosas vivas que existen en la naturaleza.

Y cualquier cambio en el mundo material, va precedido por una modificación, en este campo, sea en el campo energético está asociado siempre con alguna forma de conciencia, que va desde la extraordinariamente desarrollada, hasta la muy primitiva cuando la conciencia está muy desarrollada, las vibraciones y niveles energéticas son más altos.

Volviendo a los chakras

El primer chakra que se llama. Muladhara o raíz este se relaciona con el funcionamiento del cuerpo y las sensaciones tanto físicas como espiritual, tiene que ver con el dolor y el placer y esta primera capa que se extiende alrededor del cuerpo, tiene que ver con el funcionamiento automático del cuerpo.

Este primer centro energético se relaciona. con el elemento tierra, y se asocia con la seguridad de supervivencia, nuestros cimientos, hábitos y aceptación propia, ubicado al final de nuestra columna vertebral. entre el ano y los órganos sexuales. y se relaciona con los órganos de iluminación es el reino de los hábitos la tierra del comportamiento automático, es un repositorio de los profundos patrones instintivos que utilizamos para sobrevivir. Esta función de eliminación aplica para los aspectos físicos, mentales y emocionales. cuando éste se encuentra en equilibrio, nos sentimos conectados con la realidad, centrados estables. y nuestras funciones de eliminación trabajan adecuadamente, de lo contrario existe miedo, inseguridad y sentimos la vida como una carga, se reduce la resistencia mental y física, la confianza, autosuficiente hasta el cuerpo tiene. un olor agradable cuando está. armonizado, desbloqueado, su color es Rojo.

El segundo chakra, Swadhistahana

Así se llama en general se relaciona con lo emotivo de los seres humanos, es el vehículo de nuestra propia vida y de los sentimientos emocionales está relacionado con el elemento agua, creatividad, sentir, desear órganos sexuales, glándulas. represión y vejiga, riñones. El agua no contiene una forma definida, así como los sentimientos no son fijos. la fuerza. en este chakra empuja a buscar la polaridad. cuando éste funciona bien, pinta el Mundo con pasiones. motivaciones y opiniones.

Es un lenguaje sensual, colorido y dirigido a un objetivo, esta se les atribuye a artistas, personalidades estrafalarias, y temperamentales apasionados, este con el sexto chakra, que es el del mando, se estimulan mutuamente y las emociones y pasiones expresadas por el segundo chakra. los pensamientos y las evaluaciones mediante esa conjugación. se estimulan mutuamente, donde se eleva capacidad de sentir y el estado de ánimo todas las intenciones consientes son claras este interconecta con los demás chakras equilibrando, su color es naranja.

El tercero, que se llama Manipura.

Está asociado a la tercera capa y con nuestra vida mental, con el pensamiento lineal, también se le llama ciudad de las Joyas o asiento de gemas, debajo del plexo solar Mani de Gema y pura de Ciudad, se ubica en la boca del estómago, plexo epigástrico este es el lugar del fuego donde se generan emociones, pasiones, al concentrarse en este centro, la rabia se suprime. está descrito como una flor de loto con diez pétalos color azul dentro en el centro un círculo amarillo, salva del peligro al hacerse consciente de superar el mayor peligro de deseos y pasiones. este es de color amarillo.

El cuarto. Chacra Anahata

Este se relaciona con el corazón, es el vehículo por el cual amamos no solo a nuestra pareja, sino la humanidad en general este metaboliza las fuerzas amatorias, se encuentra en el centro del esternón. A la altura del corazón, gobierna el amor de las personas hacia sí mismos y hacia quienes lo rodean. Favoreciendo la empatía, la compasión y el perdón. Este es color verde.

Muchas veces cuando duele el pecho, relacionan este malestar, con problemas cardíacos, y erróneamente, porque duele cuando no has perdonado a alguien que te hizo algo doloroso, si perdonas de corazón por más que cueste hacerlo, desbloquearás tu chakra del corazón, y desaparecerá el dolor.

El quinto Chakra o Vishuddha,

Que está en la garganta está relacionado con una voluntad más elevada, que tiene mayor conexión con la voluntad divina y se asocia con el poder de la palabra la glándula tiroides, se relaciona con está dando armonía a las cosas, mediante ella aceptando y escuchando responsabilidad por nuestras acciones. si esta se bloquea hasta se puede perder el habla. su color es Índigo.

El sexto Chakra Ajna

Este está asociado con el amor celestial se extiende más allá del alcance del amor humano, ubicado entre las dos cejas, abarca toda la vida y establece una declaración de cariño y apoyo. es el chakra del mando, para la protección y el alimento de toda vida. mantiene todas las formas de vida como precisas, las manifestaciones de Dios es el tercer ojo, el que ve más allá de la materia, el del poder del convencimiento. Este es de Color Azul

Y ahora hablemos del séptimo. Saharara

Este es el de la relación con el pensamiento elevado, con el conocimiento tiene que ver con la integración espiritual y física en formación, y de aquí tenemos la conexión con el ser superior.

Aquí llegamos al tema de que, el estudio del aura puede

ser un puente de unión entre la medicina tradicional y estas preocupaciones psicológicas.

Porque estos siete chakras corresponden a los plexos nerviosos del cuerpo de nuestra formación corporal.

Los torbellinos que tienen los chakras cada uno de ellos interactúan con el centro energético Universal por eso, cuando están abiertos se trata de una sensación literalmente cierta, por ellos circula la energía vital del cuerpo.

Y se asocian con el tomar conciencia el ver el oír, el sentir, intuir y conocer directamente el experimento de la energía que intercambiamos. en la meditación y en la respiración. este es de color Violeta.

Cuando los siete. se armonizan en cadena Desbloqueándose, a través del ejercicio de respiración es maravilloso.

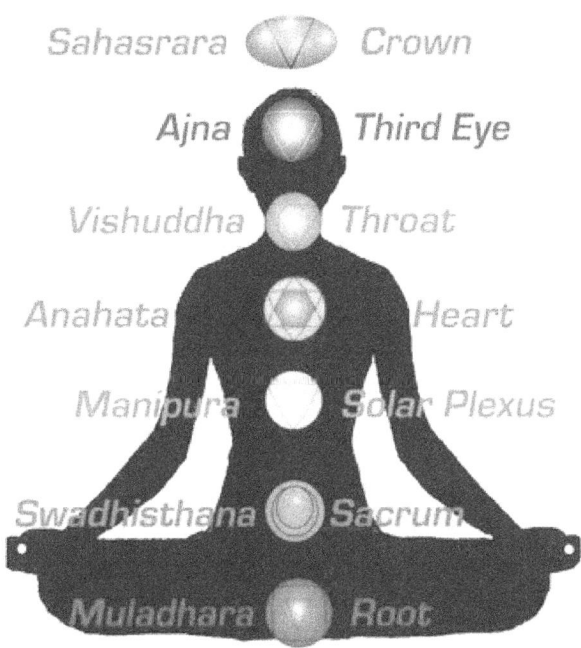

Al lograr la alineación de los siete chakras mediante el ejercicio de respiración y meditación, nos elevamos al Cosmos.

CUARTO CAPÍTULO.

LOS PRIMEROS EJERCICIOS DE MEDITACION

Siempre para comenzar importante es concentrarnos en la respiración. aproximadamente 15 minutos debemos inhalar y exhalar por la nariz activando todos los chakras, desde el primero hasta el que está en la corona, pero cuando llegamos a concentrarnos totalmente, mentalmente solo vemos en el tercer ojo, es el sexto chakra, el AJNA. centramos una luz blanca y dorada. y de ahí nos elevamos. mentalmente, ya solo somos energía las elevamos al Cosmos no existen paredes, ni cosas materiales solamente traspasamos todo lo material.

Y nos elevamos, allí donde pertenecemos, somos una luz más en el firmamento. nosotros somos parte del Universo.

Cuando estamos ahí, proyectamos. nuestra vida cotidiana, cómo queremos vernos cómo queremos sentirnos todas las cosas que deseamos, las vemos desde allá como si fuera una película, o sea, que proyectamos nuestra propia película, cómo queremos estar vestidos que casa queremos tener como es, como es el jardín cómo están las personas que nos rodean compartiendo nuestra felicidad por los logros, esa es la proyección qué hacemos en esta meditación.

También podemos pedir por la persona que necesite nuestra ayuda por la salud que esté pasando por un momento difícil, ahí la sanamos sacamos todo lo malo que pueda tener para volverle a ver sana.

Y así lo hacemos con todas las personas que queremos ayudar.

Cuando ya terminamos la proyección como si fuera una película tenemos que tomar conciencia que acabamos de mandar un telegrama, el cual llegará a su destino con la proyección que hicimos, con las palabras, con los sentimientos con los colores, con las emociones. y luego volvemos a donde estábamos, abrimos los ojos, tomamos conciencia del cuerpo porque hemos hecho una elevación espiritual muy profunda, o sea desprendimos energías terrenales, para entrar en lo celestial.

Esto es lo que ocurre, al elevarse el alma, en la meditación.

Y después de esto olvidamos todo lo que hicimos hasta el momento porque no es necesario estarlo, recordando todo el tiempo. aquí en los terrenal, seguimos nuestra vida común y corriente, con nuestras tareas, con nuestras ocupaciones y preocupaciones.

Porque eso ya está hecho es matemático, es metafísico. acabamos de enviar un telegrama, el cual va a llegar a su destino.

Lo maravilloso de esto es que en el transcurso de los días podemos recibir señales del Cosmos sonidos. sensoriales en los cuales nos están avisando que nuestro pedido se está cumpliendo y en la vida terrenal lo vamos comprobando día a día.

Esto no es un cuento es una realidad metafísica, es divina y es matemática no dudes en practicarlo.

Esto significa que debe penetrar en este estado del ser no imaginarlo simplemente. manteniéndose en dicho estado. trate de alcanzar la luz y la realidad espiritual más elevada y amplia que pueda experimentar.

Utilice tanto los principios activos como los receptivos para elevar sus vibraciones. en primer lugar, al comienzo. esfuércese únicamente en aumentar su frecuencia. esto se logra mediante la respiración y el enfoque meditativo, y la elevación hacia la luz con los ojos de la mente. su sensación subjetiva es como si buscara la luz y la alcanzará.

Cuando logra alcanzar la luz, asciende y mientras lo hace se siente más ligero y menos unido a su cuerpo, las sensaciones es que parte de su conciencia sube literalmente por la espina dorsal y se retira desde su cuerpo al interior de la luz blanca, la sensación y sentimiento que experimenta, cada vez son más placenteros, al penetrar el amor Universal crece en su Ser, le brinda su seguridad porque esta se infunde, en la persona que está meditando.

La mente a todo esto se expande y puede entender conceptos más amplios, que no comprendían en estado normal, y aceptará. una realidad superior, se encontrará con sus guías, los cuales tendrán facilidad para comunicarse con usted, ellos entienden que usted. ha dejado prejuicios sobre la naturaleza del mundo, o sea, que ha desterrado algunos bloques de su cerebro, cada paso más alto hacia la luz le libera más. y a medida que va practicando estos ejercicios, podrá canalizar energías y conceptos cada vez más elevados.

Uno de los conceptos fundamentales para lograr conocer el Ser meditar, proyectar y entrar en la parte espiritual extra de cada uno, es muy importante también preparar nuestro cuerpo, hay varios ejercicios respiratorios y físicos que se deben hacer a diario para tener los chakras alineados.

Cada ser humano que descubre su conciencia y practica la respiración, se comunica con los divinos maestros, los divinos maestros son seres de luz que nos guían, nos ayudan y nos están siempre, aportando conocimiento con respecto a conocernos, ayudarnos a nosotros mismos a amarnos cada vez más y amar desde el corazón, al resto de los humanos y poder ayudar, ellos nos ayudan a sanar nos ayudan a estar en comunión con el Universo están constantemente a nuestro lado, guiándonos hablándonos.

A cada uno se nos asigna un guía. en particular.

Se logra una elevada percepción auditiva y comunicación con los maestros espirituales.

Cuando estamos en conexión con el Cosmos es así, nos llega información y también nosotros podemos, llevar información.

Pero nuestros guías cumplen una función fundamental y divina porque ellos pertenecen a los grandes Maestros iluminados, quienes están sobre nosotros, quienes están en otra dimensión y pueden de alguna manera. comunicarse con nosotros si estamos receptivos, por eso es importante que a través de la respiración aprendamos a meditar, aprendamos a conocernos a nosotros mismos, y a tener conciencia de que somos seres que hemos venido de otras galaxias o de otra dimensión, antes de estar viviendo en esta tierra, antes de vivir en la carne humana, somos almas con millones de años de vivencias de vidas anteriores, de experiencias.

En realidad, poseemos siete cuerpos y ellos son los siguientes.

Los siete cuerpos son:

Cuerpo físico, que es el vehículo denso, material. sujeto a las sensaciones físicas que contendrá a los demás cuerpos. este vehículo, que actúa como un envase. no tiene por qué ser una traba para el desarrollo espiritual, por el contrario, es un medio adecuado para aprender a controlar y orientar las pasiones. experimentar toda clase de sensaciones. y acercarnos más y mejor a las emociones

El cuerpo astral el cuerpo de las emociones y los deseos, unido al cuerpo físico con un cordón umbilical de energía, conocido como el cordón de plata, en el cuerpo astral vivenciando, todo lo concerniente a la afectividad y el amor, llegando a imprimir en los cuerpos, la clase de afectividad y amor a la que nos vamos abriendo.

Cuerpo mental inferior es nuestro ego inferior, nuestro carácter y personalidad, conocer y dominar este vehículo con el ejercicio de la voluntad, es muy importante si queremos crecer mental y espiritualmente, solo conociéndonos podemos descubrir todo lo bueno que hay en nosotros para mejorar. y todo lo malo, malo para superarlo o transmutarlo.

Cuerpo mental superior en nuestra cuarta dimensión, nuestro vehículo de percepciones extrasensoriales en donde se alberga nuestra intuición, en él se encuentra nuestro potencial para establecer el vínculo con los otros cuerpos o estados más elevados, que aspira a alcanzar toda persona comprometida con el camino espiritual.

El alma es nuestro quinto vehículo, nuestra catedral del alma o templo del espíritu, qué es el acopio de las experiencias de nuestras vidas anteriores en este vehículo reside la misión de cada quien y es que todos venimos con dos misiones, una la de realizarnos como individuos, descubriendo siendo lo mejor de nosotros y para volcarlo a los demás, la otra gran misión es descubrir nuestro rol, y participación en el concierto de la vida para ser más y dar más, dejando paso para que el Universo actúe. a través nuestro.

El espíritu es nuestra conciencia, el vehículo en el cual, siendo conscientes de nuestra misión, procuramos realizarnos.

El cuerpo esencial es nuestra divinidad, que debe ser despertada y recordada, es aquí cuando conectamos con este vehículo que nos volvemos verdaderos creadores de realidades, artífices de nuestro propio destino.

A medida que vamos conociendo nuestros centros energéticos y cada uno de sus cuerpos alrededor del cuerpo físico, nos maravillamos todo el tiempo de los efectos que se logran tanto emocionales como físicos, los desprendimientos, que se experimenta a través de solamente la práctica de la respiración, son significativos.

Cuando existe un dolor físico, digamos un pequeño malestar en el estómago, por ejemplo, practicamos alrededor de cinco o diez minutos, una respiración profunda y controlada a través de nuestros chakras, y exhalando suavemente relajadamente, comprobamos cómo se desprende el malestar de nuestro cuerpo.

MUESTRA DE LOS SIETE CUERPOS ASTRALES DEL SER HUMANO. (CHAKRAS)

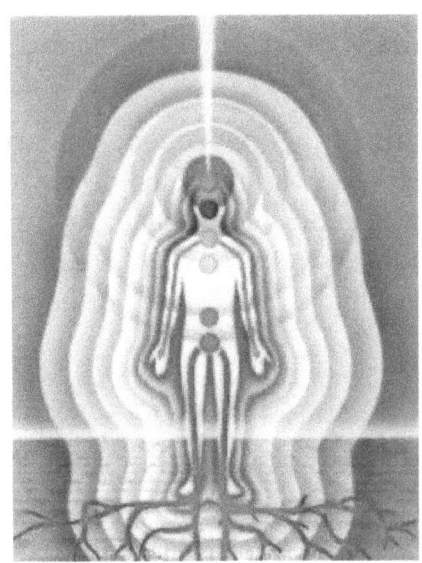

En esta imagen se ve claramente cómo el chakra raíz se arraiga a la Tierra, para lograr estabilidad, no solo corporal, sino también emocional.

Se ve también claramente el séptimo Chakra, cómo se conecta, con el Cosmos con el Universo.

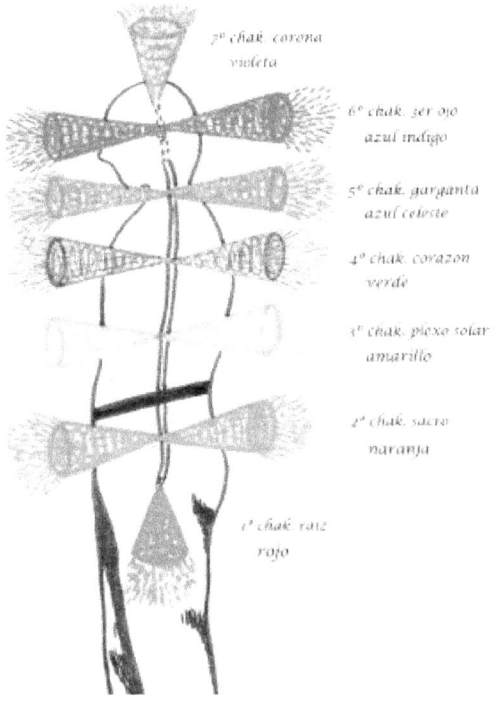

En esta otra imagen vemos cómo cada uno de los chakras se manifiestan, tanto en la parte delantera del cuerpo como en la espalda son como conos que se unen, en el medio emitiendo la energía hacia atrás y adelante interactuando.

Cada uno de ellos está representado como una flor de loto en constante movimiento, estas son pequeñas muestras de lo fantástico. que es nuestro campo energético, el cual no todo el mundo conoce, en este libro les estoy transmitiendo el camino, a conocer su Ser.

CÉLULA HUMANA,

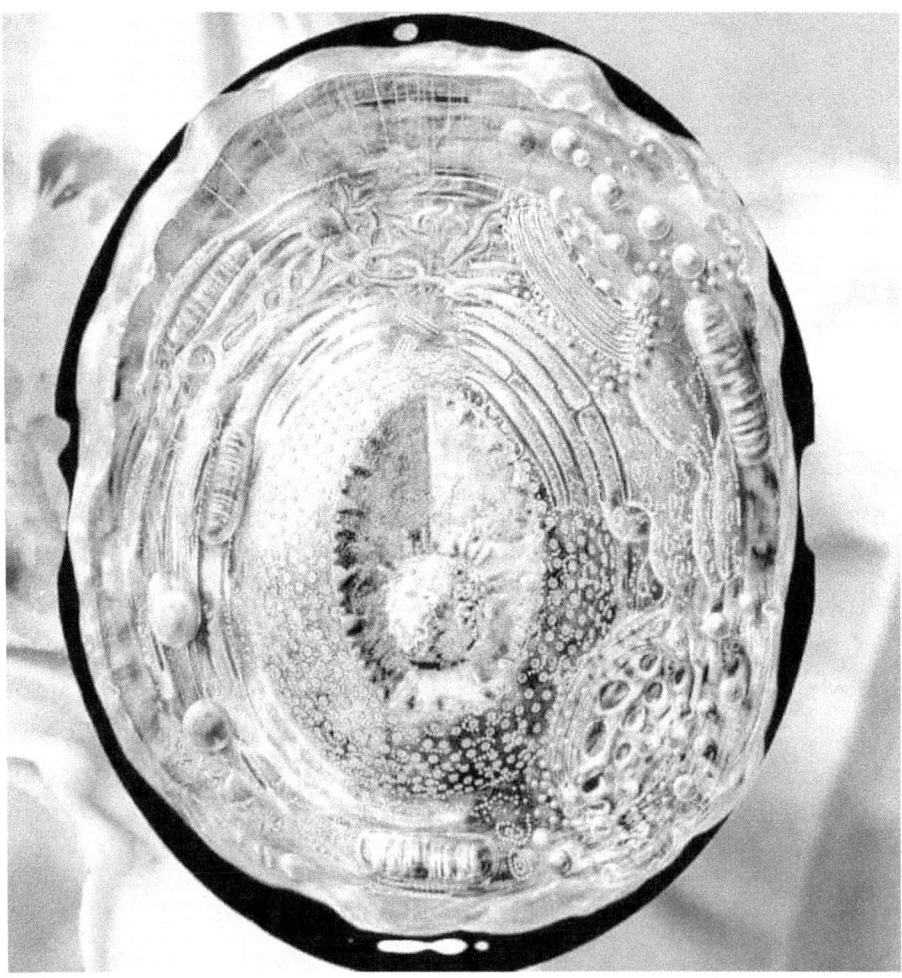

Esto no es un cuadro, es la imagen más detallada de una célula humana hasta la fecha, obtenida mediante radiografía resonancia magnética nuclear y microscopía crioelectrónica.

Estás hecho de 84 minerales, 23 elementos y decenas de litros de agua repartidos a través de 38 Trillones de células.

Fuiste construido desde cero por las piezas. de repuesto de la Tierra que consumiste de acuerdo con un conjunto de instrucciones escondidas, en una hélice doble y lo suficientemente pequeña para ser usada como espermatozoide.

Tú no Vives en la tierra, tú eres la tierra. ahora entendamos de una vez por todas que nadie, pero nadie en el planeta, puede ostentarse tener la verdad, conocer la vida, la salud, como si fueran dioses. solo el creador las conoce.

Y, por lo tanto, nadie puede volver a Inocularnos Sustancias experimentales.

Nadie puede volver a encerrarnos o quitarnos derechos y libertades nadie.

UN CAMBIO DE PENSAMIENTO MEJORA TU VIDA.

Respira cuando algo duela, cuando haya enojo, cuando estés triste, respira, porque el soplo del Gran Espíritu, es vida.

La sanación a través de la respiración. pon atención a tu respiración en todas las actividades que hagas cuando estés haciéndolas pon atención a tu respiración. cuando estés comiendo, pon atención a tu respiración cuando estés trabajando pon atención a tu respiración cuando estés viajando pon atención a tu respiración. cuando estés caminando, pon atención a tu respiración, cuando estés en casa descansando, pon atención a tu respiración. siempre que pones atención a tu respiración. te anclas en el momento presente en el aquí y ahora, y en el momento presente no hay pensamientos, solo eres.

En el momento presente no hay dualidad, simplemente eres.

Y cuando eres sientes paz, sientes gozo, sientes libertad, siempre que pones atención a tu respiración permaneces en tu centro, en el núcleo de tu ser interno. estás en equilibrio contigo mismo, permanece consciente de ti, y esto es sanación.

Cuando dejas de poner atención a tu respiración y te sumerges en tus pensamientos, dejas de estar presente y te distraes, te olvidas de ti mismo.

Permaneces inconsciente, dormido, esto genera emociones, apegos, deseos y sufrimiento, en definitiva, esto es enfermedad, intenta poner atención a tu respiración, todo el tiempo que puedas. sí a veces te pierdes en tus pensamientos, no te preocupes, no pasa nada, simplemente vuelve a tu respiración.

Solo necesitas ser consciente de tu respiración, para permanecer en estado de meditación, y esto conlleva a la verdadera sanación, respira en el aquí, en el ahora.

El Universo nos brinda lo que nuestro cuerpo mente y alma desean, siempre y cuando estemos en equilibrio emocional y compartamos al mismo tiempo, agradeciendo por todo lo recibido, también la divinidad y la vida es quien nos da todo esto.

Esta es una muestra de nuestros chakras. cómo trabajan cómo es su forma paradójicamente porque no son visibles a la vista humana, sino que sabemos que están ahí. por supuesto que atraviesan nuestro cuerpo, por eso está la parte delantera, y la parte de la espalda

Delante son los centros de sensaciones y en la espalda, centros de voluntad y en la cabeza. centros mentales.

Cuando se logra una elevación muy importante a través de la práctica de la comunicación con el Universo, si se llegan a ver los chakras y el aura de las personas.

Más adelante vamos a poder también observar, cómo se movilizan los siete chakras alrededor del cuerpo humano, cuando estamos trabajando nuestros chakras, cuando el lector está aquí y experimenta alguna incomodidad, lo que está experimentando de cierta manera la pared. que levantó entre su yo integrado mayor, a una parte de sí mismo.

Esa pared sirve para protegerse, una parte de usted en la que no desea integrar, a su experiencia en este momento.

Con el tiempo. usted se convierte en muro y usted olvida, que lo que ha tapiado es una parte de sí mismo, es decir ha creado más olvidos eso es algo que le ha venido del exterior, eso le impide que salga esa fuerza a la parte externa

Esas son paredes internas que usted crea a lo largo de eones, de experiencias del alma. Cuanto más tiempo permanezca, más parecen guardar algo que no sea el yo, separado del yo. Cuanto más tiempo se mantenga dará mayor sensación de que crea seguridad, pero solidificará en mayor medida la experiencia de la negación.

QUINTO CAPÍTULO

EJERCICIO PARA EXPLORAR SU PARED INTERNA

Para esto se hace el ejercicio siguiente.

Traiga a su mente alguna situación del pasado difícil para usted que haya sido desagradable, o alguna que esté debatiéndose en este momento y que no puede resolver.

Tráiganla a su mente y experimente cómo le parecía o le parece esa situación retrátela, como si fuera una fotografía en su mente y al concentrarse, escuche los sonidos relacionados con dicha experiencia.

Por ejemplo, busque el miedo que contiene, empiece a buscar los sentimientos de miedo, obténgalo tóquelo, huélalo, véalo.

Todo esto es un ejercicio. experimental. detecte su textura y su color ¿es claro? ¿es oscuro? ¿es duro?, o ¿es blando?, ¿de qué está hecho?, conviértase usted en esa pared interna, esa pared ¿qué piensa que dice. ve y siente? ¿qué piensa esta parte de su conciencia? acerca de la realidad.

Digamos que esa pared, la construyó pensando que era la forma de protegerse,

de lograr un equilibrio interior, pero que realmente es al revés, es un desequilibrio externo es como un recipiente con agua, que está más alto de un lado, que de otro.

En una palabra, tienes que vencerlo, equilibrarlo porque ha sido creado por ti, es una creación tuya y está lleno de afirmaciones. ¿por qué las hiciste? ¿para mantenerte segura o seguro? y ha sido creada con tu esencia, eso es lo maravilloso, y contiene poder en su interior, que puedes transformar en redistribuir para que sirva de base de sustentación, para el poder del Ser interno.

Esto lo transmito para que entiendas que muchos pensamientos que tenemos, por nuestra formación y cultura esa información es errónea o insuficiente, digámosle así insuficiente. ¿Por qué? porque nosotros tenemos el poder de construir ese muro para protegernos, pero también de sentarnos encima, porque nosotros fuimos quien lo creamos. Lo que tenemos que hacer es salir de ese muro, para poder lograr la libertad y esta también la logramos nosotros, porque somos quienes construimos el muro, nadie nos encarceló ahí, nada más que nosotros mismos. Entonces al respirar, al meditar y pensar en nuestro ser interior, en nuestra esencia, cada vez tomamos más fuerza y cada vez más confianza, eso nos da el poder de manejar nuestras decisiones a nivel espiritual nuestra alma viene de vivir millones de años, y hoy está acá, dentro de la materia tratando de recordar el origen y Esencia Divina con la cual fuimos creados.

Cuando el hombre madura y los chakras se desarrollan cada uno de ellos. representa pautas psicológicas que evolucionan con la vida de cada individuo, las reacciones ante experiencias desagradables, la forma de reaccionar es bloqueando nuestros sentimientos y deteniendo el flujo energético natural y esto afecta la maduración de los chakras, dando lugar a la inhibición de una función psicológica totalmente equilibrada.

En el caso de un niño, por ejemplo. que es rechazado varias veces cuando intenta dar amor a otro es probable que deje de mostrarse amoroso y va a lograr detener sus sentimientos amorosos internos a los que responde con la acción, ahí está reteniendo el chakra del corazón, el flujo energético natural de este chakra, y en un niño queda afectado el desarrollo del chakra del corazón, porque pierde velocidad es el chakra cardíaco el que queda afectado y es probable que se presenten problemas físicos. debido a esta reacción

Y así ocurre con todos los chakras se taponean, como quien dice cuando la persona retiene sentimientos o acciones, por eso es tan importante manejar a través de la respiración la fluidez, de cada uno de los chakras, no solo la respiración, sino la meditación.

La mayoría de las personas que no han aprendido a respirar y a desbloquear sus chakras la mayoría de los chakras de estas personas, giran en sentido contrario a las agujas del reloj.

Y, cuando nuestros chakras fluyen en sentido contrario a las agujas del reloj, hacemos salir la energía enviándola al mundo, detectamos la energía que hemos enviado y decimos que eso es el mundo, es lo que en psicología se denomina proyección.

En metafísica también es una forma de proyectar.

Los chakras están relacionados con una función psicológica específica, quedará dentro del área general de funcionamiento de dicho chakra y será algo muy personal, ya que la experiencia de cada uno es única.

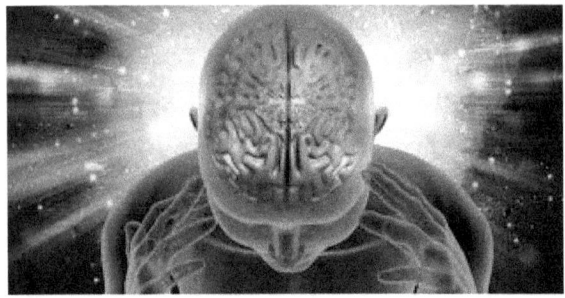

Esta es una vista de, lo que es el séptimo chakra cuando se está meditando y se está proyectando a través del cerebro, el hipocampo, la glándula pituitaria que está debajo del cerebro en el medio de las dos cejas y la pineal que está debajo, del cerebro están totalmente iluminadas.

La glándula pineal es algo más que nuestro tercer ojo, es como un pequeño director de orquesta inspirado por la luz del Sol, ella es quien acompasa de modo sutil nuestros ciclos, nuestros instantes de relajación, nuestro despertar a la madurez.

La glándula pineal desde siempre ha suscitado mucho interés.

Descartes decía, que esta pequeñísima glándula alojada justo en el centro de nuestro cerebro, era el asiento del alma.

El núcleo donde se gestaban todos nuestros pensamientos, también se dice que es nuestro tercer ojo se conecta para muchos con nuestra vertiente más mágica e intuitiva.

Más allá de este Universo energético y trascendental, la impronta de estas estructuras en nuestra cultura se debe a que están conectadas a los ciclos de luz y oscuridad la percepción iría más allá del sentido de la vista.

Se regulan nuestros ciclos nuestro ritmo circadiano, la entrada a la madurez sexual e incluso muchas de nuestras sensaciones es una estructura tan singular como fascinante y siendo tan pequeña, apenas de 8 mm. recibe un inmenso flujo de sangre casi tanto como nuestros riñones tiene forma de árbol, de ahí el término pineal, en su tronco sus ramas tienden a solidificarse muy pronto, tanto entre los dos y los veinte años muestra ya calcificación.

Glándula pineal o epífisis cerebral, en la antigüedad se la vio como una válvula capaz de regular nuestro pensamiento.

Y un aspecto muy curioso de la glándula pineal es el hecho de que, es muy sensible a los fármacos y a cualquier tipo de químico.

Hago referencia a todo este conocimiento sobre la glándula pineal, para transmitir qué tesoros valiosos tenemos dentro nuestro, que debemos cuidar como si fuera un diamante.

En los ejercicios de meditación y respiración se practican sonidos que estimulan estas glándulas haciendo más gratificante nuestra vida, nuestra existencia y descubriendo a la vez, el gran poder que tenemos sobre todos estos tesoros que tenemos dentro nuestro.

Cuando estamos en meditación, inhalando y exhalando, controlarlo la energía, o sea la luz blanca y dorada que logramos traer a nuestro sistema y campo energético, entra por los ojos, trasladándose a la glándula pineal y así se despierta la energía kundalini.

De la cual, les hablaré más adelante, es muy importante porque ella despierta la energía vital del cuerpo, donde conoces una vibración mucho más elevada.

Para también poder despertar la energía vital del cuerpo de otras personas transmitiendo el conocimiento, la práctica.

la conciencia emerge desde el chakra muladhara, está representada como una serpiente enroscada, en espiral y dormida, en este chakra, cuando la kundalini se despierta la conciencia del mundo emerge.

Esta figura nos representa la energía que mueve. una persona bailando, en su campo energético, no olvidemos que tiene que practicar una respiración especial, para los movimientos armónicos de la danza, los colores que sus chakras proyectan, al darle rienda suelta a su interpretación, su campo energético a su vez, transmite hacia los espectadores la magia de la danza y música maravillosa.

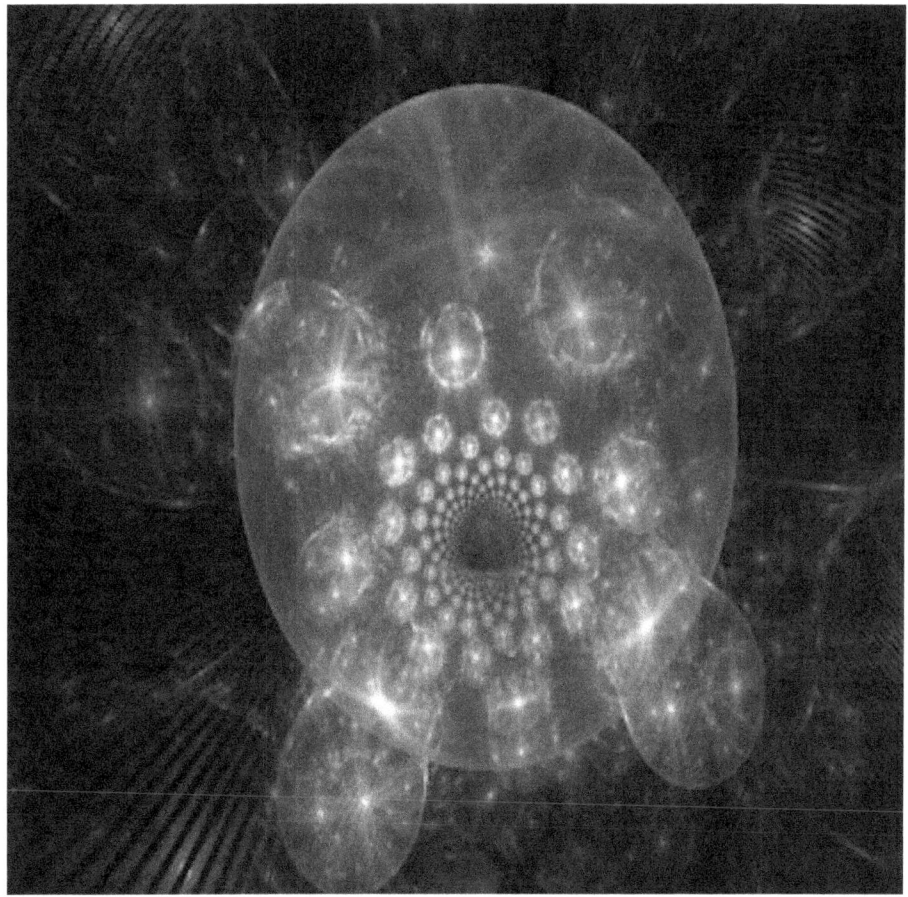

Campo energético en acción del cerebro de músico interpretando un tema.

Es importante que el lector recuerde que, al abrir su visión clarividente, o conciencia solo percibirá seguramente, las primeras capas del aura.

Es probable que tampoco sea capaz de distinguir entre capas, quizás solo vea colores y formas a medida que progrese se irá sensibilizando hacia frecuencias cada vez más altas, de manera que pueda percibir los cuerpos superiores, también será capaz de distinguir las capas y de centrarse en aquellas que elija.

Cuando yo era muy joven y trabajaba en espectáculos, solía ver sobre la cabeza de los músicos, unas luces destellantes las cuales pensé que era un efecto de la iluminación y de algún problema que yo tuviera en la vista. Pero no, después con los años me di cuenta. que tenía naturalmente, este don para ver los campos energéticos de las personas luego, con los años me fui perfeccionando al incursionar en el Yoga y hacer meditación, comencé a ver con más claridad los campos energéticos o el aura de los demás, y llegar a ver hasta el color.

Sí el CEH. (campo energético humano) es algo maravilloso el descubrir que uno no es solo lo que vemos con el ojo humano, sino que tenemos un potencial, propio que sale de nuestro interior, consciencia, espíritu o alma. como quieran llamarle, pero todos lo tenemos, todos venimos a esta vida con ese poder tan increíble, que todos tienen derecho. a conocer.

A medida que la persona comienza a incursionar en la respiración y meditación, al principio todo es muy confuso no logran distinguir las energías, pero una vez. que ejercitan su meditación y la respiración van comprobando que se hace cada vez más evidente la visión del campo energético.

CAPÍTULO SEXTO

MEDITACIÓN PARA LIBERTAD MENTAL.

Nos retiramos a un lugar tranquilo donde nadie nos moleste, donde no haya ruidos.

Se sientan o se tienden en el piso. Comienzan a respirar mandando el aire por nariz hacia el primer Chakra, que está entre los órganos genitales y el ano, suavemente cargan bien de aire todo el cuerpo, inhalando por nariz de ahí comienza a desplazarse hacia arriba, exhalándolo por nariz, suavemente Hasta que no queda nada dentro.

Esta respiración la practican durante aproximadamente 10 a 15 minutos cada vez la dominan más, y luego comienzan a trasladarse mentalmente a un lugar donde el pasto está recién cortado ustedes están descalzos pisan ese pasto mullido, agradable a la planta de los pies, siguen inhalando y exhalando, y sienten sobre el cuerpo el calor del sol comienzan a caminar sobre ese pasto ahora si llegan a la arena, que está caliente, ahora, sienten bajo sus pies la arena caliente, a todo esto, siguen inhalando y exhalando y se trasladan hacia dónde está el mar que se escucha el sonido de las olas, miran hacia arriba y ven el azul del cielo, disfrutan del paisaje y del aire que les pega en el rostro y en todo el cuerpo, sus pies están disfrutando del calor de la arena, ahora. llegan al agua escuchan el canto de las gaviotas, sienten el aire que les pega en el rostro y el cuerpo.

Inhalan profundamente y disfrutan del aire marino, comienzan a entrar en el agua, ahora del calor de la arena vamos al agua fría del mar, la espuma baña sus pies. comienzan a entrar en el agua, y a sentir el frío del agua, siguen caminando hacia adentro. y el agua le da por las rodillas y luego por la parte superior de las piernas, está muy fría y por ese motivo se zambullen de una sola vez, al agua.

Sintiendo esa agua fría en todo el cuerpo como si fuera un masaje, y salen del agua. a la luz y calor del sol, todo el cuerpo ha sentido la circulación de la sangre, por el golpe del agua fría comienzan a salir del agua, miran hacia el cielo el agua corre por el cuerpo.

Pero ya no sienten el frío al revés, sienten más calor, por el calor del Sol y la activación de la sangre a través del agua fría, han recibido una energía. muy buena, caminan hacia la arena caliente nuevamente, se acuestan sobre la arena caliente, boca arriba sintiendo el calor de la arena en el cuerpo, no importa que la arena se pegue en el cuerpo, lo disfrutan es gratificante sentir ese calor después del frío. del agua y el cuerpo está muy caliente porque se activó toda la circulación sanguínea.

Inhalan profundamente. y exhalan y miran hacia el cielo azul y disfruta del calor del sol y ahí sigue, inhalando y exhalando cargando el bajo chakra, raíz de energía positiva.

Ahora abre los ojos inhala, toma conciencia del cuerpo, de dónde estás realmente espero que esto lo hayas disfrutado.

Este es uno de los ejercicios más sencillos, para lograr dominar la imaginación, y cómo hacerlo.

Los dones no son regalos, son adquiridos y ganados con acumulación de vidas, saberes responsabilidades conocimiento y sabiduría.

Son producto del trabajo personal, grupal y cósmico qué haces hicimos y hacemos en constante expansión.

No llegan porque sí, no los tienes por la morosidad de ningún ser externo a ti, sino por ti mismo, cuando te dan una espada es porque la ganaste batallando a mano limpia, cuando te dan una armadura es porque primero fuiste solo con la protección de la confianza y la fe. Cuando tienes videncia es porque primero anduviste a ciegas, y eso no te amedrentó.

Y cuando seas capaz de volar, cuando veas tus alas será porque trabajaste duro para obtenerlas, recuerda que nadie te regala nada. todo es ganado desde tu Ser, que tiene amor y fe en sí mismo y es fiel, leal, obediente, a su creador.

Todos los dones que posees te los has ganado. por merecimiento propio, todas las armas son tuyas porque las ganaste en batallas.

Si tienes algo es para usarlo, no se desprecian ni desperdician.

Solo hay que ir integrando cada cosa, para utilizarla en tiempo, forma y lugar.

No lo olvides, eres un co creador de realidades, en este vasto Universo y todo lo que tienes es porque te lo mereces, da amor y gratitud a todo lo que tienes y eres, por merecimiento propio, y mantente siempre de pie y con la cabeza bien alta, orgulloso de quién eres y en cumplimiento del plan divino. del gran espíritu manifestándose en ti, recuerda tu don o búscalo.

Esto es Geometría Sagrada.

OTRO EJERCICIO PARA PODER TENER VISIÓN INTERNA.

Comenzamos: la mejor forma de practicar la visión interna, es haciendo ejercicios de relajación profunda, incluyendo lo que denominamos, viajar por el cuerpo.

Aflójese la ropa, tiéndase sobre un sillón o una cama inspire profundamente relájese, pruebe de nuevo, inspirando profundamente, tense todo el cuerpo al máximo que pueda contenga la respiración expire entonces, dejando que desaparezca la tensión, repita ahora el ejercicio tensor respiratorio, pero tensando el cuerpo. sobre la mitad, de cintura para abajo también en su totalidad, exhale y afloje los músculos.

Vuelva a inspirar a fondo y relájese, mientras deja escapar el aire, esto lo repite tres veces sin tensar el cuerpo.

Ahora visualice su cuerpo como miel espesa que se deposita sobre la superficie en la que está echado, note como los latidos del corazón se van haciendo más lentos hasta alcanzar un ritmo suave, agradable, saludable ahora imagine que usted es. un punto de luz diminuto y penetre en su cuerpo por el lugar que elija, es eso pequeño, fluye hasta el hombro izquierdo, relajando la tensión por donde pasa, desciende entonces por el brazo izquierdo para penetrar, en la mano, relajando toda la tensión con una ligera sensación de cosquilleo, calor y energía su brazo izquierdo resulta ahora pesado y cálido, ahora su diminuto punto de luz, fluye hacia atrás, por el brazo izquierdo, desciende por la pierna izquierda relajando toda su tensión, vuelve a subir por dicha pierna para penetrar en la derecha y regresa al brazo derecho, todo su cuerpo tendrá una sensación de calor y pesadez.

Ahora empieza a recorrer su parte interna con su luz diminuta, con esa luz penetra en el corazón y sigue el riego sanguíneo, que va bombardeando por el cuerpo y el aspecto del sistema, viaje ahora por los pulmones, examine sus tejidos, y así sucesivamente, viaja por todos los órganos de su cuerpo, por los bronquios, por el estómago, por el hígado, la vesícula, por sus intestinos, por el páncreas, por los órganos genitales, va viendo todo su interior como si fuera una luz blanca y dorada que va iluminando todo su interior a medida que va Inhalando y exhalando y esa luz recorre todos sus huesos, músculos, cartílagos, venas, todos sus componentes físicos, todos sus órganos. Siente los latidos del corazón, toda la caja toráxica se ilumina, las costillas una a una y se forma un círculo alrededor del cuello de luz este ilumina las cuerdas vocales, la glándula tiroides y ahora baja por las vértebras, iluminándolas una a una, inhala profundo y la luz sube por la médula y sube hasta el cráneo bañando toda la cabeza, y a su vez, el cerebro, el cerebelo, la glándula pineal, la glándula pituitaria, las orejas las órbitas de los ojos debajo de los párpados, los pómulos los huesos en las muelas y dientes, la lengua, los labios.

Todo se llena de luz usted está lleno de luz divina, blanca y dorada, que usted mismo ha generado.

Sigue inhalando y exhalando y esa luz la disfruta, porque ella está sanando todos sus órganos, todos sus músculos, sus venas sus cartílagos sus huesos, usted ha generado esa luz divina, y en este momento solo poner las palmas de las manos hacia arriba con los brazos abiertos, y toma conciencia antes de abrir los ojos, de que está unida la luz que sale de las palmas de las manos al Universo, está como suspendido, por una luz invisible al Universo, del cual forma parte.

PREPARANDO NUESTRO CUERPO FÍSICO.

Primero practicamos la respiración. Inhalando y exhalando por nariz y luego

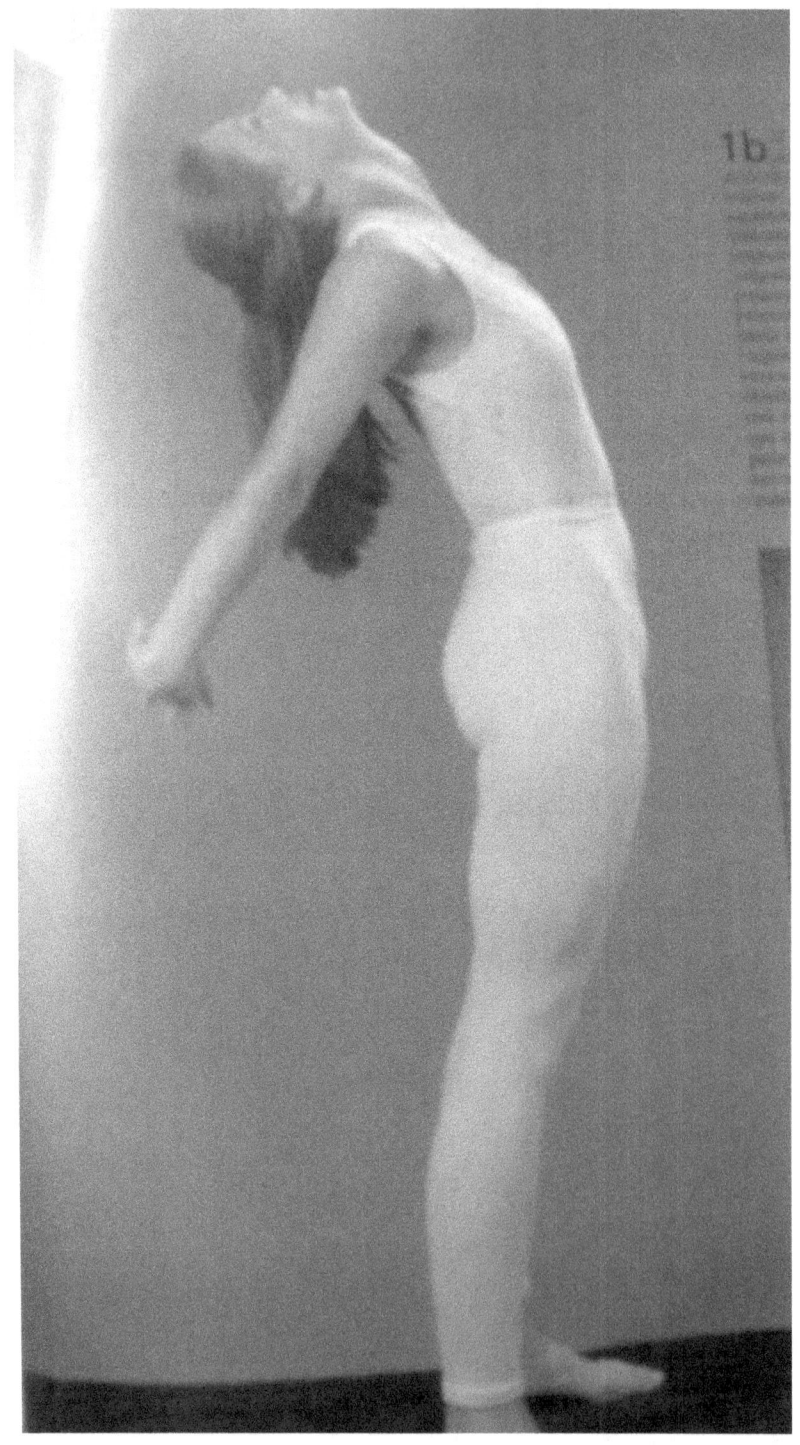

Luego lo hacemos tres veces cortada, se inclina hacia atrás con la cabeza, luego se toma los brazos por detrás del cuerpo, entrelazando las manos, y cuando afloja volviendo a enderezarse, larga todo el aire.

La segunda posición es inclinarse con los brazos, como los tenía, pero hacia adelante doblando el cuerpo y ahí inhalan y exhalando, varias veces, mirando las rodillas.

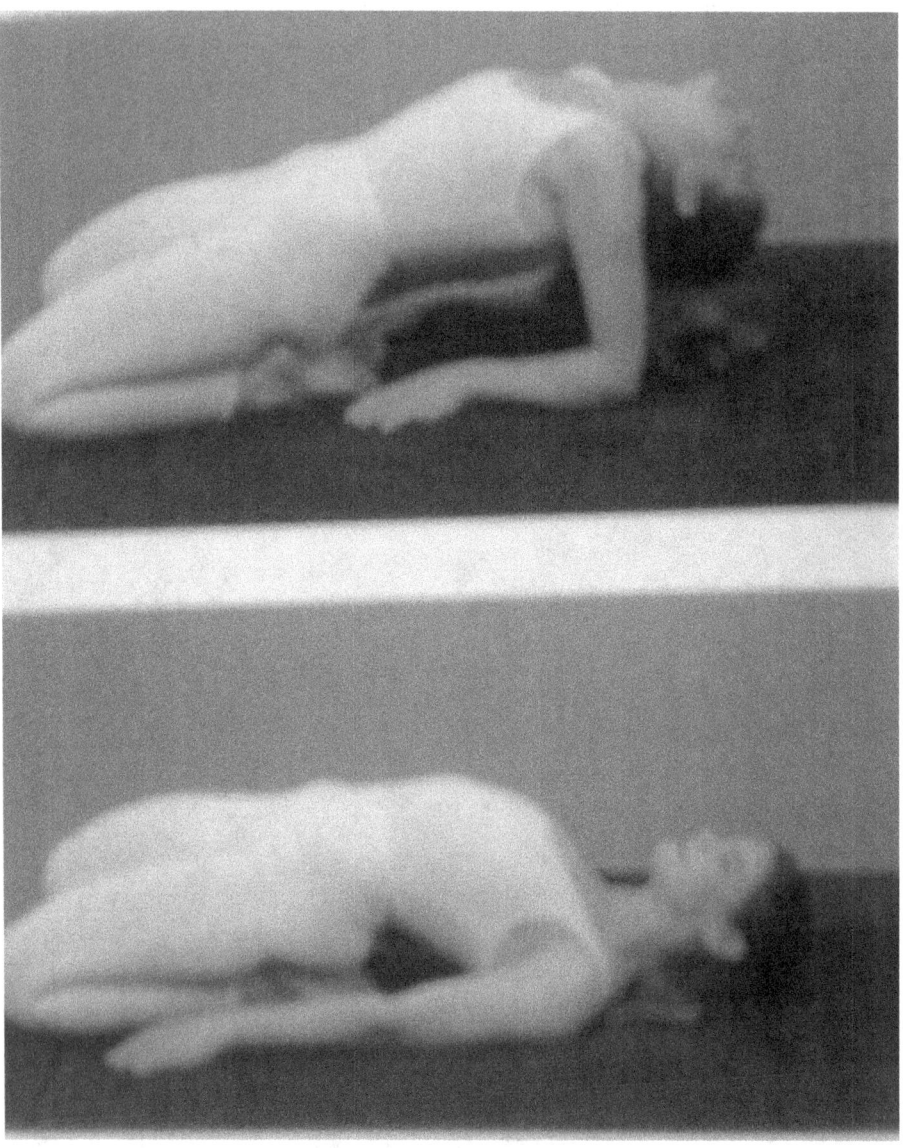

Después se sientan sobre sus talones y buscan apoyar los antebrazos en el piso estirando el cuello como ven, en la primera figura y poco a poco, apoyar la espalda y la cabeza sobre el piso, como la segunda imagen, inhalan y exhalan también.

Luego se sientan como pueden apreciar en la figura siguiente juntando las plantas de los pies y tomándose ambos tobillos. chequeando, que la espalda esté bien recta

Inhalan relajadamente, mantienen el aire y luego se inclinan hacia adelante largando todo el aire, hasta que no queda nada adentro.

Como se puede apreciar en la Siguiente. Figura.

Ahí abajo, toma el aire nuevamente reteniéndolo y lentamente se incorpora

Se inclina, después de respirar profundamente y abajo larga todo el aire.

Luego, como puede apreciar en la próxima figura sentada, extiende los brazos, hacia arriba.

Con los pies inclinados levemente, hacia usted.

Luego inhala, profundamente

profundamente reteniendo el aire. y

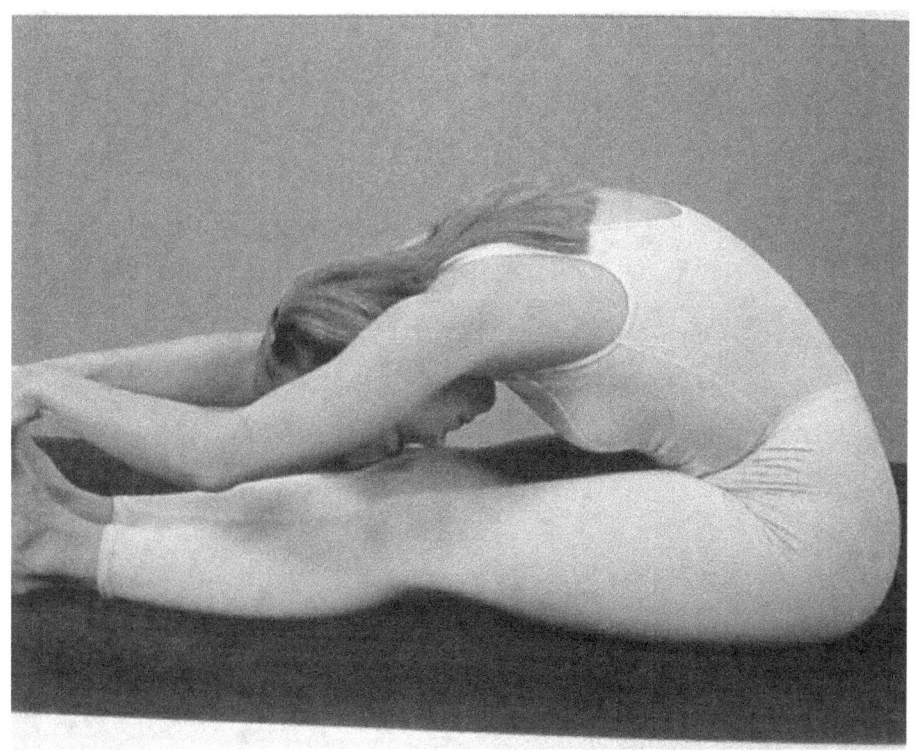

inclina todo el cuerpo sobre las piernas, largando todo el aire ahí abajo.

Inhala nuevamente y se incorpora.

Siempre respirando de la misma forma, inhala y exhala.

Aquí estira una pierna con la otra flexionada,

sobre el aductor de la pierna estirada y vuelca todo su cuerpo, después de inhalar exhalando todo el aire sobre la pierna que está estirada y luego, lo repite hacia la otra.

Y en esta figura sentada, con las piernas entrelazadas en posición de flor de loto y nadie exhala chequeando que la espalda esté recta cruza los brazos llevando las manos a cada una de las rodillas, inhala y exhala tres veces cortadas

Estos son ejercicios para comenzar a preparar el cuerpo una vez que va a meditar.

Es importante lograr una elongación muy buena, para tener la parte física, relajada para cuando comenzamos a meditar y a trabajar con los chakras, está nuestro cuerpo relajado.

Aquí ya tenemos nuestro cuerpo, elongado y preparado físicamente.

CAPÍTULO SEPTIMO.

TAMBIÉN DEBEMOS PREPARAR LA PARTE SICOLÓGICA.

La terapia energética del núcleo ha sido proyectada para ayudar a la gente a liberar los bloques de su campo aural mediante el enfoque y el ejercicio físico, como ilustran las figuras anteriores.

En lo físico ya hicimos la liberación al estar tumbados de espaldas sobre el piso, los músculos del torso se estiran, empiezan a relajarse.

Esto provoca una liberación energética y hace que el bloqueo se vaya.

Si la persona tenía un fuerte bloque energético en los músculos situados delante de la columna vertebral, cerca de la articulación diafragmática, bien hacer en el tercer chakra. mientras está en el piso se liberó súbitamente con una explosión de energía.

Y la energía sube por la columna vertebral y cuando llega a la cabeza abrió ya paso a su conciencia la persona puede entrar a expresiones emocionales como el llanto, risa y recordar cosas de su primera infancia.

Aquí comienzan pequeños cambios en la persona porque empieza a aceptar y reconocer sus limitaciones, y sus emociones reprimidas desde tiempo atrás.

Las experiencias adquiridas con respecto a todos estos ejercicios y desbloqueos de los chakras, puede ser a través de los ejercicios de respiración y también en las terapias de dígito puntura y Reiki, donde la persona abre sus canales por donde corre la energía vital del cuerpo, y suele manifestar cosas que estaban reprimidas dentro suyo y se sienten aliviadas tanto por haberse desprendido de esa energía que no necesitaban y también la parte psicológica que salió, todo eso hacia afuera, lo liberó alivio como le quieran llamar, grave problema es cuando han retenido durante mucho tiempo sus sentimientos, que han desembocado en diferentes traumas psicológicos, los cuales la medicina tradicional los trató con medicación. pastillas para dormir, para los nervios, eso boqueó los chakras y a la vez, el organismo de la persona. Esto siempre desemboca en alguna enfermedad, cuando los chakras se bloquean.

La mayoría de las veces antes de entrar en este ejercicio, de la meditación y la conciencia hay un montón de pensamientos disociados.

Por ejemplo:

No tengo salida,

No sé qué hacer,

Estoy enfadada o enfadado,

Causa daño no puedo soportarlo,

¿Por qué hago estas cosas?

Socorro.

Me odio a mí mismo.

No me importa porque no me trata bien.

Le necesito,

No es culpa mía.

Le voy a abandonar,

Soy una perdedora o perdedor,

Nadie más me querrá nunca.

Hazlo por mí.

Si por lo menos tú, estaría bien.

No sé qué hacer,

Estoy enfadada.

No lo volveré a hacer, nadie más me querrá nunca.

No puedo evitarlo,

No es culpa mía

Porque no me trata bien.

Todos estos pensamientos son disociaciones psicológicas, antes de llegar al convencimiento de que todo se puede revertir desde uno mismo, es como estar en un proceso terapéutico, puede salir de su ciclo crónico y fragmentar la forma cíclica, lo suficiente como para manejarla muy bien, la próxima vez que lo piense.

Usted puede crearse un observador objetivo interno, que también puede definir cada uno de los espacios a medida que entra y sale de ellos.

Cuando la persona sufre un ataque de este tipo, lo único que hay que hacer es dirigirse a una pizarra y empezar a dibujar y etiquetar. estas formas en el momento en que las expresa, mientras lo hace en voz alta, pronto se encuentra en la pizarra, todos los pensamientos cíclicos, lo que quiere decir que usted está experimentando una realidad muy estrecha, en la que las definiciones y las distensiones se consideran negativas y en ocasiones categóricas, por ejemplo, que todas las personas parecen estar lejos o incluso que son peligrosas.

Por lo general, el resultado o la solución para romper con una pauta de pensamientos de este tipo de sentimientos, la mayoría de las veces hay que evitar los sentimientos indeseables, por los satisfactorios.

Los sentimientos de desconformidad, se manifiestan en los chakras del cuerpo muchas veces se acumulan en ciertas áreas, que rodean los chakras por ejemplo, el abdomen, la cadera, las famosas sillas de montar en las piernas, cuando esto logra armonizarse el cuerpo estará bien construido y los músculos tenderán a ser duros a nivel personal.

Esto nos da la pauta de que, psicológicamente podemos estar armonizados debido al bienestar que sentimos al vernos con el cuerpo firme y cada cosa en su lugar, sin abdomen, sin sillas de montar y demás.

Las cosas que perjudican psicológicamente. es la negación oral, o sea, cuando uno no dice lo que siente se calla. la melancolía silenciosa, o sea, que se vuelve melancólico debido a su propio silencio, cuando se emiten verbalmente ofensas, cuando se manifiesta la histeria y cuando se oculta la fuerza de voluntad, o sea niega a tener voluntad.

Psicológicamente debemos preparar en nuestra mente, y nuestro campo energético para estar limpios de todas estas contaminaciones.

Hay que tener conciencia de que, siempre hay una razón que obliga a alguien a defenderse, a proteger alguna parte vulnerable que desea mantener controlada y oculta de otra persona, y de sí mismo o de ambos.

La mayoría de estos sistemas de defensa o de ocultar sentimientos, se desarrollan en los primeros años de vida.

Estas pautas se clarifican en la fase de crecimiento del individuo, y ya se dan las pautas de la personalidad de cada uno.

En este caso de lo psicológico expresaré, algunos perfiles, por ejemplo, el masoquista. necesita auto liberarse de la humillación, dando rienda suelta a la agresividad, necesita expresar activamente en cualquier forma que convenga a su fantasía y cuando quiera su paisaje interior, es como una filigrana interior, cuando dé a conocer esta creatividad altamente desarrollada, el mundo queda asombrado.

Porque las energías de su uso superior están repletas de cariño hacia los demás, es un negociador natural de gran corazón, es muy colaborador y tiene muchísimo para dar. Tanto en energía como en compresión, rebosa de profunda compasión y al mismo tiempo, tiene una gran capacidad para la diversión y la alegría, tiene capacidad para protagonizar travesuras y ocurrencias creativas.

Cada persona a medida que trabaja, psicodinámica física y espiritualmente en sí misma, el aura cambia, se hace más equilibrada y los chakras se abren cada vez más.

Las márgenes y los conceptos, sobre la realidad en el interior de nuestro sistema negativo de creencias, se despejan creando más ligereza, menos estancamiento y vibraciones más altas en el campo energético que se hace más y láctico y fluido, la creatividad aumenta a medida que crece la eficiencia del sistema metabolizados de energía.

Cuando esto ocurre, algunas personas empiezan a tener en el centro de la cabeza un punto luminoso dorado plateado que crece hasta convertirse en una brillante bola de luz. Y esta a medida que la persona se desarrolla, se hace más grande y se extiende más allá del cuerpo, se desarrolla el cuerpo celeste para convertirlo en un órgano más avanzado, que empieza a percibir y, por ende, a interactuar con la realidad que se encuentra más allá del mundo físico.

Esta comienza y se encuentra en el área de la raíz de los chakras de la corona y el tercer ojo. dónde están situadas las glándulas pituitaria y pineal.

El cuerpo mental se hace más brillante, la sensibilidad es para con la realidad situada más allá del físico, se van desarrollando la forma de vivir del individuo cambia, un flujo natural de intercambio de energía y transformación con el Universo, empezamos a vernos como un aspecto único de este, completamente integrados con el todo.

Este es un sistema de transformación que recoge la energía del entorno, la fragmenta, la transforma y la resintetiza, para luego enviarla al Universo en un estado espiritual más elevado, y esta tiene conciencia es esta la que modificamos en realidad, somos en verdad una materia espiritualizante.

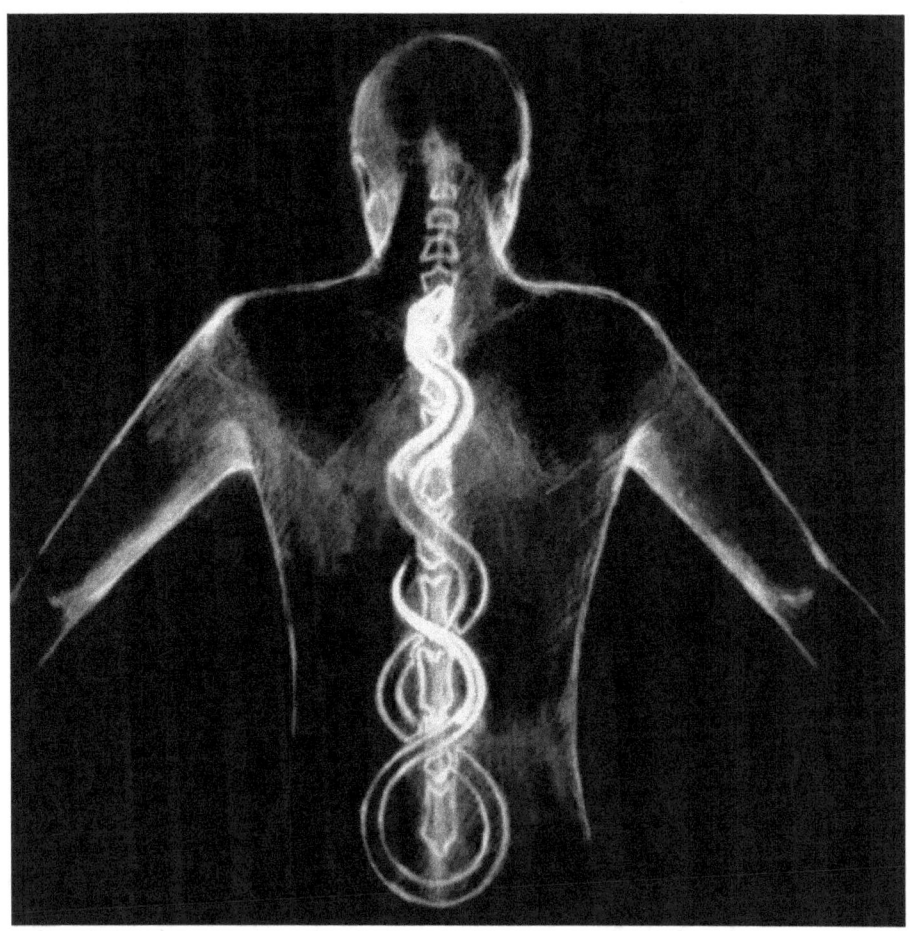

ENERGIA KUNDALINI
UN DESPERTAR ESPIRITUAL

como prometí anteriormente, hablaremos ahora de esta energía.

Mejor la claridad mental, la concentración, mayor claridad de pensamiento, comprensión más profunda de los conceptos espirituales aumento de la creatividad, aumento de capacidades intuitivas, mayor conexión con lo Divino.

Este despertar no es algo que ocurra inmediatamente, se producirá gradualmente. En función de tus experiencias pasadas, es gradual, se produce a lo largo del tiempo. a medida que, cada individuo comienza a abrirse a niveles superiores de conciencia.

Para esto quiero dejar bien claro que se debe recurrir, a un yogui experimentado para guiarte en el camino, del despertar la

Kundalini.

Porque se debe preparar con todos los pasos previos para no caer en depresión y ansiedad. Debe prepararse mente, cuerpo adecuadamente, para manejar la energía, mediante la meditación y respiración.

Si tu cuerpo no está preparado, las cosas podrían ir mal, y la dicha de la kundalini, qué esperabas no se producirá.

Inhalan y exhalan varias veces, hasta lograr el estado relajante y concentración para meditar.

Ahora cerramos el primer chakra que se llama muladhara o raíz. y el segundo y tercero, reteniendo el aire lo más que puedas y envías al chakra de la corona todo el aire, repites unas tres veces, esta práctica, y la cuarta vez, contraes también el cuarto chakra el del corazón, junto con los tres anteriores, en este momento que lo envías al aire hacia la corona, se expande, la luz del chacra del corazón, y en la próxima inhalación, contraes también, el quinto chakra, el de la garganta, y el sexto que es el de la glándula pineal y pituitaria, al retener el aire y contraer todos los chakras al unísono, cuando se exhala todo el aire, que ya no es tal, se transformó en luz blanca y dorada, que tú mismo, has generado, que te conecta directamente, con la energía universal.

Lo largan por la corona de la cabeza, por el Maharara.

Con este ejercicio logran la conexión con el Universo, como están viendo en la figura de arriba.

Su alma, su energía se eleva al Universo logrando un estado de vibración muy alta.

El chakra fundamental llamado muldhará, que se encuentra en el sacro envía la energía al chakra de la corona llamado Saharara.

Esta práctica ayuda a descubrir y despertar los dones innatos que trae tu alma, el ser humano en sí.

Tu alma, que viene de vivir millones de años, porque nosotros somos una tríada perfecta. cuerpo, alma y espíritu. inseparables.

Después de varias veces se practicar la Kundalini, descubres el poder de la sanación, como expresé anteriormente.

Kundalini en sánscrito, quiere decir, en la traducción enroscada serpentina, esta serpiente representa la energía divina femenina, que reside en todos los seres vivos, y que provoca un estado de dicha y armonía una vez que se despierta.

CAPÍTULO OCTAVO

Investigación científica en el campo energético humano.

Los místicos no hicieron mención de los campos energéticos ni de la forma bio- plasmáticas, sus tradiciones en todos los lugares del mundo a lo largo de 5000 años concuerdan con las observaciones que recientemente han empezado a realizar los científicos.

En la tradición espiritual de la India, que hace más de cincuenta siglos de antigüedad, habla de una energía universal denominada Prana, considerada el constituyente básico y la fuente de toda vida.

El prana o hálito vital que fluye, por todas las formas a las que ha dado vida.

Los yoguis practican la manipulación de esta energía mediante técnicas giratorias. Meditación y ejercicio físicos, lo que yo acabo de transmitirles hasta ahora en este libro, la finalidad es mantener unos estados alterados de conciencia y de juventud, mucho más allá de su alcance normal.

En el tercer milenio a.c. Los chinos, propugnaban la existencia de una energía vital a la que denominaban chi, toda materia animada o no, está compuesta y transfundida por esta energía universal, el contiene dos fuerzas polares, el yin y el yang.

cuando están equilibradas, el sistema vital muestra salud física si se desequilibran el resultado es la enfermedad.

un yang demasiado poderoso tiene como consecuencia un exceso de actividad orgánica.

Solo el que predomina, como resultado da lugar a un funcionamiento insuficiente, decir que tanto uno como el otro, los dos desequilibrados provocan enfermedad física.

La antigua técnica de la acupuntura se centra precisamente en equilibrar el Yin y el Yang, como ya lo manifesté anteriormente.

Alrededor del año 538 a.c. la teosofía mística de la cábala, denomina a esta misma energía luz astral y en la religión católica, Jesús y otras figuras espirituales. aparecen rodeados por campos luminosos.

En el Antiguo Testamento hay numerosas referencias a la luz que rodeaba a la gente y a la aparición de luces, pero estos fenómenos perdieron su significado original en el transcurso de los siglos.

Por ejemplo, el Moisés de Miguel Ángel muestra El Karnaeem, en forma de dos cuernos en vez de dos rayos de luz, a los que se refería originalmente dicho término.

La razón es que en hebreo dicha palabra significa indistintamente, cuerno o luz. Como mencioné al comienzo del libro, los principios védicos en sus textos del hinduismo los teósofos, los Rosacruces, los miembros de la National American Medicine People, los budistas tibetanos e indios, los budistas, Zen japoneses. Madame Blavatsky. Y Rudolf Steiner.

Por citar solo algunos Teósofos. describen detalladamente el campo energético humano, como comienza el libro los principios bélicos, esos textos del hinduismo, culturas distintas, en las que el fenómeno aural recibe otras tantas denominaciones diferentes.

En la actualidad muchas personas con formación científica moderna, han sido capaces de añadir observaciones sobre un nivel físico concreto.

La tradición científica desde 500 a.c. muchos científicos occidentales han sostenido a lo largo de la historia, que una energía universal que penetra en la naturaleza existe de forma global.

Esta energía vital percibida como un cuerpo luminoso, fue registrada por los pitagóricos, por primera vez en la literatura occidental, alrededor del año 500, antes de que. afirmaban que su luz podía producir efectos diversos, sobre el organismo humano, incluyendo la curación de enfermedades.

Eruditos del siglo XII, vieron que la energía que poseemos los seres humanos, puede dar lugar a la interacción de individuos separados por grandes distancias, y según las investigaciones, en sus informes, dijeron que puede producir sobre otra persona, un efecto saludable o patológico con su mera presencia.

Científicos desde la Antigüedad, saben que existe el campo energético humano, también se le llamó fuerza "ódica". por otros científicos.

Von Reichenbach ingeniero, alguna de sus invenciones fue, un convertidor gráfico analógico en 1967, capaz de sintetizar sonidos, siguiendo una partitura analógica mediante una cámara de video, sistema para inducir el sueño. desarrollado en conjunto con el doctor Fontana, mediante la reproducción de sonidos maternos prenatales.

Un lector de microfilms. para sondajes y son los federicos. una perforadora ultrasónica, estudió la relación entre las emisiones electromagnéticas del Sol, y las. concentraciones a fines del campo ódico. descubrió que la mayor concentración de esta energía, radica en las gamas rojas y azul violeta del espectro solar.

Von Reichenbach especificó que las cargas opuestas. producían sensaciones subjetivas de calor y frío, en grados variables de potencia que pudo relacionar, con la tabla periódica de los elementos químicos mediante una serie de ensayos ciegos.

Todos los elementos electropositivos proporcionaban a los objetos desagradables sensaciones de calor. Todos los elementos electronegativos pertenecían a la parte fresca, agradable, con un grado de intensidad de las sensaciones, paralelo a su posición en la tabla periódica, yendo del calor al frío, de acuerdo con la variación de los colores, espectrales del Rojo añil.

Él también descubrió que era posible conducir el campo o disco a través de un **alambre, que la velocidad de conducción era muy lenta, y que esta parecía depender de latencia de masa del material más que de su conductividad, y que era posible cargar los objetos con esta energía, de forma similar a cómo se hace mediante un campo eléctrico.**

Todos estos experimentos demuestran que el campo aural, posee propiedades que permiten pensar que su naturaleza es, a un tiempo particulada como un fluido y energética, como las ondas luminosas.

En definitiva, este ingeniero comprobó que la fuerza del cuerpo humano. producía una polaridad similar a la que presentan los cristales, a lo largo de sus ejes principales, basándose en tal evidencia experimental, descubrió que el lado izquierdo del cuerpo como polo negativo y el derecho como positivo, un concepto similar al de los antiguos principios chinos del yin y el Yang antes mencionado.

Haciendo referencia a todos estos descubrimientos, en el siglo XX, varios médicos realizaron estudios tendentes a la observación de las distintas características de un campo energético, que rodea a los seres humanos y objetos, y se han interesado por el fenómeno, desde entonces.

Así fue que comenzaron a observar las capas energéticas alrededor del cuerpo humano, comprobaron el aspecto del aura, como la denominaron los médicos, difiere considerablemente de un sujeto a otro, dependiendo de la edad, el sexo y la capacidad mental, y el estado de salud. También que determinadas enfermedades producían manchas o irregularidades en el aura, lo que movió a muchos a desarrollar un sistema de diagnóstico basado en el color, la textura el volumen y el aspecto general del envoltorio, de esta forma, diagnosticó algunas enfermedades como las infecciones hepáticas, la apendicitis, la epilepsia y alteraciones psicológicas, como la histeria.

Investigaciones de varios médicos los cuales construyeron nuevos instrumentos para detectar las radiaciones de los tejidos vivos, el primero fue desarrollado y llamado Radiónica, un sistema de. Sección diagnóstico y curación a distancia que se servía del campo energético, biológico, humano.

Hubo trabajos hechos muy impresionantes con fotografías, que fueron tomadas utilizando el cabello del paciente como antena.

En ella se muestran formaciones internas de enfermedades del tejido vivo, tales como tumores y quistes de hígado y pulmonar y tumores cerebrales malignos. incluso logró fotografiar un feto vivo, de tres meses en el interior del útero.

Diferentes profesionales de la medicina tradicional, han hecho investigaciones con respecto al campo energético humano en diferentes países del mundo como Estados Unidos, en Shanghái En Japón, esto de lo que hablo, ha sido medido en laboratorio.

CAPÍTULO NOVENO

La anatomía del aura,

Se distinguen numerosos sistemas creados a partir de la observación, para definir el campo aural, todos ellos dividen el aura en capas y definen estas por sus posiciones, colores brillantes, forma de densidad fluidez y función.

Cada sistema está dirigido a la clase de trabajo que el individuo está cumpliendo en el aura, los dos sistemas más parecidos al que conozco, son los que emplean otros, como Jack Schwarz, que tiene más de siete capas y se describe en su libro Human Energy Systems, y el empleado por la reverenda Rosalyn Bruyere.

Según mi experiencia la primera, tercera, quinta y séptima capa, tienen una estructura definida, mientras que la segunda, la cuarta y la sexta, están compuestas por sustancias semejantes a fluidos sin estructura determinada.

Por momentos cobran forma, pienso que por el hecho de que atraviesan la estructura de las capas impares, por eso adoptan en cierto modo, la de las capas estructuradas.

Cada capa sucesiva penetra y atraviesa las otras situadas debajo, incluyendo el cuerpo físico, asi el cuerpo emocional este como él al cuerpo físico en realidad, ninguno de los cuerpos es una capa. aunque sea así como lo podemos percibir, sin una versión más expansiva de nuestro yo, que lleva dentro otras formas más limitadas.

Para mí, cada capa la considero como un nivel de vibraciones más altas, que ocupan un espacio que los niveles de vibración situados debajo, que se extienden más allá, para percibir las capas de forma consecutiva, puede aumentar su conciencia a cada nuevo nivel de frecuencia de conexión con el Universo, extendiéndose más allá del último, con referencia al aura, muchas personas, ven de manera equivocada que el aura se puede despojar de capas consecutivas, que se hace como una cebolla, pero no es así.

Cada capa energética puede ser considerada como un nivel de vibraciones más altas que ocupan el espacio, que los niveles de vibraciones situados debajo, y que se extienden más allá, para percibir las capas de forma consecutiva, debe la persona aumentar su conciencia, a cada nuevo nivel de frecuencia.

Tenemos, por tanto, siete cuerpos, como he detallado anteriormente, todos los cuales ocupan el mismo espacio simultáneamente cada uno extendiéndose más allá del último, algo a lo que no estamos acostumbrados, en la vida cotidiana normal.

Las capas estructuradas contienen todas las formas del cuerpo físico, como los órganos internos, vasos sanguíneos, etc. además de estas formas adicionales de las que carece este.

Existe un flujo vertical de energía que palpita hacia arriba y hacia abajo, por el campo de la espina dorsal, se extiende al exterior más allá del cuerpo físico, por encima de la cabeza, y por bajo del Coxis. yo la denomino corrientes de fuerza vertical principal, el campo presenta torbellinos turbulentos de forma cónica denominados chakras, sus puntas, señalan hacia la corriente de fuerza vertical y sus extremos abiertos hacia el borde de cada campo en cada capa.

ESTOS SON LOS 7 CHAKRAS.

Cada una de las capas del campo aural, tiene su propia función, y están relacionadas, cada una, con uno de los chakras.

Es decir, la primera capa está asociada con el primer chakra, la segunda con el segundo y así sucesivamente. Genéricamente, por ejemplo, la primera. capa del campo y del primer chakra están relacionados con el funcionamiento del cuerpo y la sensación física, sentir dolor o placer físico tiene relación con el funcionamiento automático y autónomo del cuerpo.

La segunda capa y el segundo chakra se relacionan, en general con el aspecto emotivo en los seres humanos, son vehículos de nuestra propia vida y de nuestros sentimientos emocionales.

La tercera capa está asociada con nuestra vida mental, con el pensamiento lineal el tercer chakra, está relacionado con el pensamiento lineal.

El cuarto nivel que se relaciona con el chakra del corazón, es el vehículo por medio del cual amamos no solo nuestra pareja, sino la humanidad en general, este es el que metaboliza la fuerza amatoria. Por su parte, el quinto qué es el quinto chakra está relacionado con una voluntad más elevada, que tiene mayor convicción, con la voluntad divina y el quinto chakra se asocia con el poder de la palabra sincerando las cosas, mediante ella, escuchando y aceptando la responsabilidad de y por nuestras acciones.

El sexto nivel y el Sexto Chakra están asociados con el amor celestial que se extiende más allá del alcance del amor humano, abarca toda la vida y establece. una declaración de cariño y apoyo para la protección y de alimento de toda vida. Mantiene todas las formas de vida como precisas manifestaciones de Dios. Finalmente, la séptima capa y el Séptimo Chakra guarda relación, con el pensamiento elevado del conocimiento y la integración de nuestra formación espiritual y física.

Existen, por tanto, lugares específicos dentro de nuestro sistema energético, para las sensaciones, las emociones, los pensamientos, los recuerdos y otras experiencias no físicas de las que damos cuenta a nuestros médicos y terapeutas, la comprensión de la forma en que nuestros síntomas físicos están relacionados, con estas posiciones, nos ayudará a comprender que la naturaleza de las distintas dolencias y las diferencias entre los estados de salud y de enfermedad.

De este modo el estudio del aura, puede ser un puente entre la medicina tradicional y nuestras preocupaciones psicológicas.

CAPÍTULO DÉCIMO

Volviendo al tema del puente entre la medicina tradicional y nuestras preocupaciones sicológicas, hoy día sabemos que el abrazo la caricia, la palabra de cariño sana, más que nada el abrazo porque estamos ahí, con todo nuestro campo energético dando amor Universal, a la persona que está con alguna preocupación, tristeza o enfermedad.

Sabemos fehacientemente que ya en los Estados Unidos de Norteamérica y distintos países de Europa, se permite a las personas que tienen el poder de la sanación entrar a los hospitales, a hacer la caricia a la persona que está sufriendo una enfermedad, porque saben que el amor universal sana ayuda, gratifica alegra y estas, son las cosas que necesita el ser humano para poder estar en armonía consigo mismo, y con todo lo que le rodea.

Una de las cosas fundamentales que debe tener el ser humano que le interese la libertad de su Ser es descubrir, cuál es su motivo para estar aquí, en este plano me refiero en esta vida, en la vida cotidiana. Podemos tener diferentes actividades uno puede estar en una oficina, otro en un hospital, otro puede estar en un supermercado, reponiendo mercadería o cobrando en una caja, cualquiera de las actividades que haga el ser humano, mientras lo haga con amor y alegría, toda persona que viene a él y se acerca va a recibir esa energía, esa vibración, qué es tan importante entre los seres humanos, Todos la poseemos, unos son positivos y otros negativos, pero al unir los dos polos, como hemos hablado en los capítulos anteriores.

Aprender a equilibrar el yin y el Yang, para no tener mucho de cada uno, sino de los dos, la misma cantidad, y eso es lo que se logra a través de la meditación y la respiración.

Y trabajar con los chakras y el campo energético que poseemos.

Aquí les relataré un breve ejercicio para poder equilibrar el Yin y el Yang.

Buscas un lugar tranquilo bebes un vaso de agua y te lavas las manos.

Cierras los ojos y comienzas a inhalar y exhalar relajadamente, cargando de aire. el primer chakra que está, en la parte baja de la columna entre los órganos sexuales y el ano, todo el tiempo que inhalas envías ahí el aire y luego pasa por los demás chakras, por el que está a la altura del ombligo por el que está en el esternón, por el que está en el corazón, por el que está en la garganta, luego en la frente y luego en la cabeza, y así sucesivamente, lo haces durante aproximadamente veinte minutos relajadamente.

A medida que vas respirando, vas tomando conciencia de cómo tus chakras se van desbloqueando, se siente un bienestar muy especial es como que comienzas a entrar en un estado de relax, ausente de los ruidos terrenales, realmente te transportas al Cosmos, al Universo, a las estrellas donde nosotros pertenecemos, no existen las cosas materiales en este estado de relax, atraviesas techos paredes no existe lo material, y sales al espacio ahí es donde nuestra alma y nuestra conciencia, se remonta a través de este ejercicio de respiración.

Donde logramos desprendernos del cuerpo, entonces nuestra alma no ve paredes, no tiene limitación alguna atraviesa todas las cosas materiales. Siendo una luz más en el Universo, sigues inhalando y exhalando y disfrutas de ese desprendimiento tan hermoso qué estás experimentando, tu cuerpo está ahí donde te retiraste relajadamente a comenzar a respirar, pero realmente tú estás en el Universo, en el Cosmos, esa es tu alma. desde allí tú ves todo cómo quieres verlo aquí en la vida cotidiana.

Todas las soluciones que quieres, para tu vida para tu casa, para tu familia.

Ves los colores ves cómo están vestidos, ves cómo sonríen, ves cómo se quieren todos, se tratan todos bien hay una armonía hermosa.

Desde allá, tú estás proyectando como una película, todas las soluciones a tu vida todo lo que tú quieres, todo lo que ansías. serenidad, armonía amor.

Cuando se hace este ejercicio, nunca, jamás se debe pensar nada negativo,

siempre cosas positivas, siempre cosas positivas, amorosas armoniosas,

¿por qué? Porque este es un ejercicio metafísico el cual todo lo que tú proyectas, desde allá arriba, todo se manifiesta acá abajo. entonces actúa como boomerang, o sea, si tú piensas algo malo, algo negativo, eso te pasa a ti, tú lo estás proyectando para ti.

Por eso, todo debe ser amoroso y positivo.

Cuando terminas este ejercicio que acabo de detallar solamente, inhala profundamente, siempre relajado tranquilo/a, abres los ojos lentamente, nunca te levantes de golpe, siempre toma conciencia de tu cuerpo, mueve las manos gira los pies, pestañea, gesticula, después de unos diez minutos, te incorporas, nunca lo hagas de golpe, porque acabas de desprenderte de tu cuerpo y puedes sentirte mareado.

No temas, no hay ningún peligro en estos ejercicios, porque tú estás aprendiendo a dominar los tres componentes de tu tríada perfecta que son, cuerpo espíritu y alma. los cuales te ayudan a desarrollar tu conciencia.

Estos ejercicios son Divinos, porque te encuentras con Dios, con la energía poderosa que está en el Universo, con el creador de todas las cosas que se mueven en él.

Un consejo que doy a los adultos siempre, aprenda a escuchar a los niños, aunque no los tengan en su casa, siempre hay un niño en la vuelta que está como una pequeña lucecita dando vueltas. alrededor, ellos son los mensajeros del amor, de la inocencia.

Muchas veces les piden que se callen que los mayores están hablando, pero ellos todavía de alguna manera, tienen compañeros celestiales, aquí en la tierra. sino díganme, ¿quién de niño no tiene un amigo imaginario?

Realmente no es imaginario, esos amigos existen, y siempre están cerca porque son los Ángeles que lo cuidan, los seres de luz que tienen conexión con nuestras almas. todo el tiempo mientras vivimos en la tierra, en la carne.

Cuando era pequeña, era medio loquita, eso decían algunos adultos, porque siempre hablaba sola y tenía un amigo imaginario.

Pero realmente no era tal, sino que es muy real son los Ángeles o los divinos maestros que nos guían constantemente, mientras vivimos en este plano.

Los que te liberan de los peligros terrenales, ¿cuántas veces has dicho? qué suerte tuve Dios me protegió, sí claro, Dios y sus enviados, ellos son quienes nos cuidan que nos protegen, de que no nos pase nada malo.

Otro ejercicio que haremos con la energía de nuestras manos.

Froten las manos una con la otra, por unos segundos luego las retiran una de otra dejándolas enfrentadas, a unos seis centímetros observen cómo queda una energía entre las dos, pueden acercárselas ustedes mismos al rostro y corroborar el calor y sentir la energía, que produjo esa frotación.

Ahora vuelvan a frotar las manos unos segundos, solamente acérquenlas a los costados de la cabeza frente al espejo observen, como el cabello comienza a acercarse a las manos, esa es su energía. esa es una comprobación de qué usted tiene esa energía en usted, ese es su campo energético que está actuando.

De pequeños ejercicios que les hace comprobar que nuestro campo energético existe, y salen de cada uno de los chakras, de nuestro cuerpo.

CAPITULO ONCE

Buscando la luz dorada.

Para comenzar a buscar la luz dorada, aflójese toda la ropa, Inhale y Exhale, y ahora comienza mentalmente, mientras lo hace a buscar un punto de luz, en el medio de la frente entre los dos ojos, siga inhalando y exhalando, trate de encontrar la luz, la luz entra a través de sus ojos, aunque estén cerrados y la luz en el medio de las dos cejas comienza a aumentar, a medida que usted, va respirando relajadamente, sin pensar en nada, poniendo la mente en blanco, solamente en la luz en ese punto de luz que cada vez se hace más grande.

Y cada vez brilla más, inhala profundo pasando el punto de luz a la planta de los pies.

De ahí sube, y usted ve cómo sus huesos sus músculos, sus venas se iluminan, ese punto de luz ya se hizo como una masa de luz blanca y dorada.

Que está iluminando todo su cuerpo por dentro, y así sucesivamente, sube por las rodillas luego por la parte superior de las piernas, va a los órganos genitales. Ilumina todos sus músculos, sus huesos.

Comienza a ver comienza a ver, como si fuera una radiografía que se ilumina su cadera, de ahí se iluminan los glúteos, y todo el vientre, se iluminan los intestinos la vesícula, el hígado el páncreas, el bazo. Todo su vientre está lleno de luz.

Ahora se forma un aro de luz alrededor de la cintura y comienza a subir por las costillas, iluminándolas una a una y a la vez, iluminando toda la caja toráxica, y todos los órganos que se encuentran dentro de ella

A todo esto, sigue Inhalando y exhalando, se ilumina el corazón escucha sus latidos   Se ilumina, se llena de luz se iluminan las glándulas mamarias, también el estómago, el esófago, la tráquea, el baso sigue escuchando los latidos del corazón, la luz sube a los hombros, ilumina la clavícula y los hombros, baja por los brazos hasta los codos y de los codos a las muñecas de las muñecas, a las manos, iluminando uno a uno los dedos la luz gira en la palma de las manos y ahora sube, nuevamente directo a los hombros.

Ahí se forma, un aro de luz alrededor del cuello, iluminando las cuerdas vocales, la glándula tiroides y baja por las vértebras de la columna hasta llegar al coxis, mentalmente la ven, totalmente iluminada y al inhalar la luz sube por la médula iluminándola hasta llegar a la cabeza, iluminando todo el cráneo, la luz ilumina toda la cabeza, se iluminan las mandíbulas, los huesos de las muelas y los dientes, la lengua, los labios, ahora se iluminan las orejas, el cerebro, el cerebelo. la glándula pineal la pituitaria, las órbitas de los ojos debajo de los párpados las pestañas, las cejas los huesos de la nariz. los pómulos, las muelas los dientes el paladar la lengua los labios.

Notan cómo están llenos de luz internamente inhalan profundo, se ilumina todo el cráneo el cuero cabelludo, y la fibra capilar dentro del cuero cabelludo. Inhalan profundamente toman conciencia de la luz divina que ha invadido todo su cuerpo interna y externamente.

En este momento siguen inhalando y exhalando todo su cuerpo es luz blanca y dorada sanadora ustedes mismos la generaron con la respiración y el poder de su campo energético, inhalan profundo, disfrutan de esta luz y esta sensación divina que se siente. entonces, desde dónde están elevan su mente, y piden.

Paz para todo el mundo, armonía, salud, sabiduría, amor, y damos gracias cada uno pide, por quien necesita de ayuda para sanar.

Ahora lentamente, abren los ojos, toman conciencia del cuerpo, eso es todo lo que han hecho, es generar desde su campo energético una barrera de energía positiva que es sanadora.

Este es uno de los pequeños ejercicios. Que se hacen para tomar conciencia, de quiénes somos y por qué estamos aquí nuestro ser está conectado con el Ser superior todo el tiempo, el que no lo ve es porque no quiere.

Como se ve la persona al hacer este ejercicio de iluminación.

Por fuera y por dentro ha logrado una total iluminación.

CONCIENCIA UNIVERSAL

Cuando has logrado hacer estos ejercicios, y cambiar toda tu forma de pensar hasta el día de hoy, que no conocías.

En realidad, acabas de despertar tu conciencia la cual, de alguna manera, acabas de descubrir.

Y con el tiempo vas a aprender, que la alegría se hace eterna, que la plenitud es auténtica vida y que la emoción es parte de tu expresión.

Tú eres más que una expresión recortada de ti mismo eres, cuando expresas totalidad, cuando manifiestas, y vives en la totalidad y la unidad.

Desde el punto de que avanzas hacia el infinito, desde el uno llegas a tí y te conoces como una auténtica expresión divina, en forma y esencia, desconocidas hasta entonces tu potencial por eso. Entristeces, fragmentas la expresión de tu esencia en polaridades, bueno o malo, puro impuro, lindo, feo.

Simplemente se tu esencia.

Simplemente expande tu conciencia al punto que, en la crítica sea ajena a ti.

El juicio empobrece la calidad de tu expresión, la culpa te determina y condiciona a formas retorcidas y enfermas.

Busca la luz, busca ser en ti.

Cuando el Ser es uno, con la conciencia universal crea sin aristas, crea sin malestar, el amor ilumina la obscuridad y transforma la rama en árbol, transforma la semilla, el fruto.

El amor de la creación ha dado vida a todo cuanto existe, pero tu forma de amor igual a más, pero críticas a más, pero separas amas y distingues.

Amor a la vida es amar la totalidad y la integración de todos sus aspectos, sentí como uno.

Si más un sueño no puedes pensar en lo difícil de obtenerlo los separas de ti si anhelas un objetivo a malo hasta el límite de lo absoluto sin detenerse en el pensamiento que separa.

Solo lo absoluto no admite partes separadas ni matices.

Es simplemente totalidad. En su forma y en su **esencia. Crees que desear algo es bueno o malo,** separas crees que tu anhelo te traerá felicidad de gozo fragmentas la realidad en antes y después vivencia este instante como gozoso, hice simplemente uno con tu esencia, con lo divino, si amas todo cuanto te rodea, solo cabe la posibilidad de más y más amor y luz en tu experiencia cotidiana.

Es posible la paz que tanto anhelas y comienzas por no separar en opuestos la vida que te rodea, ama en totalidad en unidad y en unión con la fuente.

Encontrando tu conciencia y el Universo todo.

El sentimiento es tan bello, tan puro, no tienes penas está siempre feliz de Ser de estar, nunca ves los obstáculos de la vida terrenal, pesados, sino todo solucionable, porque tú tienes el poder de solucionarlo.

Porque tú sientes la energía, qué llevas dentro para lograr todos tus propósitos con amor, con armonía, para ti y para todos los que te rodean.

Es un despertar espiritual.

Mejora la claridad mental y la concentración, tienes mayor claridad de pensamiento, comprensión más profunda de los conceptos espirituales

Aumento de la creatividad, aumento de capacidad intuitiva.

Mayor conexión con lo divino.

Este despertar no es algo que ocurre inmediatamente, se producirá gradualmente en función de tus experiencias pasadas.

Es un proceso gradual que se produce a lo largo del tiempo, a medida que cada individuo comienza a abrirse a niveles superiores de conciencia

Figura demostrativa cuando el cuerpo, ha logrado con sus chakras una constante conexión divina, con el Universo así se logra la luz dorada, la comunión con el todo, al cual pertenecemos.

En este estado puede permanecer todo el tiempo que desee, todo el que necesite para proyectar, todos sus anhelos y todas las soluciones a sus cosas de la vida cotidiana. porque está en conexión con lo divino, con lo supremo.

Además, siente en ese momento, una paz, y un estado de placer tan maravilloso, jamás experimentado, eso se lo puedo garantizar.

Porque se siente como que estamos en casa. somos una luz más en el Cosmos, al cual pertenecemos, porque nuestra alma vino de ese lugar, es nuestro anterior hogar.

Esta también representa una de las conexiones con. El todo. Tomando conciencia

CAPÍTULO DOCE

En el Instituto nuclear atómico de Academia Sínica, en Shanghai se demostró que parte de las emanaciones de fuerza vital de los maestros de qigong, parece tener una onda sónica de muy baja frecuencia que se presenta como una onda portadora que fluctúa a baja frecuencia.

En estos casos también se detectó la energía aquí como flujos de micro partículas. Con un tamaño de unas 60 micras de diámetro y una velocidad de unos 20-50 cm/seg.

Hace algunos años, un grupo de científicos soviéticos del Instituto debió información de Ask Popov. Anunció el descubrimiento de que los organismos vivos emiten vibraciones de energía a una frecuencia de entre 300 y 2000. Nanómetros.

Los científicos soviéticos denominaron a dicha energía bio campo obvio, plasma.

Descubrieron. que las personas capaces de realizar con éxito a la transferencia de bioenergía, poseían un bio campo mucho más ancho y fuerte, estos hallazgos han sido confirmados por la Academia de Ciencias médicas de Moscú y están enfrendados por las investigaciones realizadas en Inglaterra, los Países Bajos, Alemania y Polonia.

Las bandas de frecuencia de los chakras y su campo aural, excepto por lo que se refiere a las bandas adicionales de azul y violeta, se encuentran en orden inverso a la secuencia de color del arco iris las frecuencias que han sido medidas constituyen una señal identificativa de la instrumentación y de la energía que se mide.

A lo largo de los siglos, los sensitivos han visto y descrito, las emisiones aurales,

Pero esta es la primera evidencia electrónica objetiva sobre frecuencia, amplitud y tiempo,

Se ha comprobado científicamente que los chakras suelen tener los colores que se habían consignado en la literatura metafísica. Es decir, rojo, kundalini, naranja hipogástrico, amarillo vaso verde, corazón azul, garganta violeta, tercer ojo y blanco corona, el chakra del corazón es, con mucho, el más activo, los sujetos tienen muchas experiencias emocionales, imágenes y rememoraciones. conectadas con las distintas tareas del cuerpo sometidas, al ejercicio de meditación.

Estos hallazgos avalan la creencia de que el recuerdo de las experiencias se almacena en el tejido corporal.

Por ejemplo, cuando se someten al proceso. De la meditación y la elevación. Al. ¿Cosmos o universo las piernas de alguien? ¿Cabe que vuelva a vivir la experiencia de aprender a usar el orinal en su primera infancia? No solo te recordará, sino que volverá a vivirla emocionalmente.

Con frecuencia, los padres intentan enseñar al niño a usar el orinal antes que su cuerpo haya establecido la conexión del cerebro con los músculos para controlar realmente el esfínter, que regula las deposiciones.

Cómo el niño no está fisiológicamente capacitado para controlar el esfínter. ¿Compensará esta carencia apretando los músculos de los muslos? Esto supone someter el cuerpo a una gran tensión y fatiga que en muchas ocasiones perdurará de por vida o se mantienen hasta la puesta en práctica de intensas sesiones, en meditación y retrogresión bioenergética.

Cuando se han aliviado la tensión y la fatiga muscular, es el alivio, llega también a la memoria otro ejemplo de mantenimiento de la memoria de la tensión es la rigidez de hombros que sufren muchas personas. Procede de haber sostenido sobre los hombros el miedo o la ansiedad.

El lector se puede preguntar a sí mismo que lo que temo no ser capaz de lograr, o que creo que pasará si no tengo éxito.

Las conclusiones son las siguientes, si definimos el campo energético humano como todos los campos o emanaciones del cuerpo del individuo, podremos ver que muchos componentes bien conocidos como el C.E.H. han sido medidos en laboratorio.

Son los componentes electrostáticos. Magnéticos Electrónicos sónicos. Térmicos y visuales. Del C.E.H todas estas mediciones. Concuerdan con los procesos fisiológicos normales del cuerpo, superándolos para aportar un vehículo al funcionamiento psicosomático.

El C.E.H. se compone de partículas, y tiene un movimiento semejante al de un fluido como las corrientes de aire o de agua, estas partículas son diminutas, incluso subatómicas, según algunos investigadores, cuando dichas partículas infinitas se desplazan juntas formando nubes. Los físicos suelen denominarla plasmas.

Estos, Se ajustan a determinadas leyes físicas. Lo que ha llevado a los físicos a considerarlos como un Estado entre la energía y la materia. Muchas de las propiedades del centro energético humano medidas en laboratorio sugieren quinto estado de la materia. Denominado bioplasma por algunos científicos

Muchos de los fenómenos. Psíquicos asociados con, el Centro Energético humano como la conciencia de información sobre la vida pasada. no se puede medir con un modelo.

En el Libro, Br Brain Mind Bulletin. Marilyn Ferguson declaró. El modelo holístico ha sido descrito como paradigma emergente una teoría integradora, que traerá a toda la maravillosa fauna silvestre de la ciencia y el espíritu.

Características del campo energético Universal, cada cultura ha dado un nombre distinto al fenómeno del campo energético universal (C.E.U.)y lo ha considerado, desde su punto de vista particular.

Cada una de estas culturas encontró propiedades básicas similares, en el mismo. con el avance de los tiempos y el desarrollo del método científico, la cultura occidental empezó a investigarlo con mayor rigor.

Podemos decir que es una energía no definida previamente por la ciencia occidental o quizá una materia de sustancia más fina, de lo que en general. considerábamos que estaba formada la materia.

Sí definimos esta como energía condensada, el campo energético universal puede existir entre los Reinos que actualmente se consideran de la materia y de la energía, algunos científicos denominan bio plasma, a este fenómeno.

Han descrito numerosas propiedades del campo energético, Universal. Que empapa todos los objetos animados, e inanimados del espacio y los conecta entre sí fluye de un objeto a otro y su densidad varía en relación inversa a la distancia desde su fuente.

Las observaciones visuales revelan que el campo está muy urbanizado en una serie de puntos geométricos, puntos de luz pulsantes aislados, espirales, tramas de líneas, chispas y nubes.

El campo palpita y se puede detectar mediante el tacto, el gusto y el olfato y su sonido y luminosidad son perceptibles, para los sentidos superiores.

Lo definen como sinérgico, lo que indica una acción simultánea de distintos medios que en conjunto tienen un efecto total más elevado, que la suma de los efectos individuales.

Este campo es lo opuesto de la entropía, término utilizado para describir el fenómeno de la lenta degradación que observamos, corrientemente en la realidad física, el derrumbamiento de la forma y el orden.

Parece existir en más de tres dimensiones, cualquier cambio en el Mundo material, va precedido por una modificación en este campo.

La energía universal está asociada siempre con alguna forma de consciencia, que va desde la extraordinariamente desarrollada, hacia la muy primitiva, la conciencia muy desarrollada está asociada con vibraciones y niveles energéticos más altos vemos, pues que el Centro Energético Universal no es en cierto modo tan distinto de todo lo demás que conocemos en la naturaleza, sin embargo, debemos esforzar nuestras mentes para entender algunas de las propiedades que posee.

A determinados niveles es una cosa normal, algo así como la sal o la piedra, tiene propiedades que podemos definir empleando métodos científicos normales.

Por otra parte, si seguimos ondeando más a fondo en su naturaleza, se escapa de las explicaciones científicas ordinarias, se hace escurridizo cuando creemos que lo hemos puesto en su sitio, junto con la electricidad y otros fenómenos no tan inusuales, se desliza de nuevo entre los dedos y nos obliga a preguntarnos. ¿Qué es realmente?

No obstante, también podríamos preguntarnos. que es la electricidad.

En el Centro Energético Universal existen más de tres dimensiones, qué quiere decir esto que es sinérgico y crea formas, lo que significa que va contra la segunda ley de la termodinámica, referida al crecimiento continuo de la entropía, según dicha ley, el desorden, que el Universo crece siempre, y no es posible extraer, más energía de algo que la que se haya depositado en ese algo.

Siempre se obtiene un poco menos, en la que se puso, jamás se ha logrado construir una máquina de movimiento perpetuo.

No es este el caso con el centro energético universal, parece que continúa siempre creando más energía, como el cuerno de la abundancia, se mantiene eternamente lleno. Por mucho que se tome de él, estos son conceptos asombrosos que nos ofrecen una visión muy esperanzadora, del futuro frente al riesgo de hundirnos en él pesimismo de la era nuclear.

Quizá algún día podamos construir una máquina, capaz de conectarse con la energía del Centro Energético Universal, lo que nos permitiría disponer de toda la que necesitamos sin la amenaza de causarnos daños a nosotros mismos.

las dificultades preparan a personas comunes para destinos extraordinarios, y aquí estás totalmente iluminado, conectado con el Universo, con Dios.

Muchas personas dicen. Que caminar sobre el agua es un milagro. Pero para mí, el caminar en paz sobre la tierra, es el verdadero

milagro.

Thich Nhat Hanh.

CAPITULO TRECE

ALIMENTACIÓN CONSCIENTE

Una de las cosas fundamentales para lograr la preparación de tu cuerpo, no solo psicológica y físicamente, sino digestiva y orgánicamente. Me refiero a la alimentación, masticando algo que debe hacerse comiendo consiente.

Lo más probable es que tú nunca pienses mucho en la forma en que masticas, quien podría culparte, no es algo en lo que realmente nos concentremos cuando comemos en cambio, pensamos en lo que comemos, cuántas calorías y tal vez incluso en la forma en que comemos.

Vamos camino hacia una vida mejor, masticar es parte del proceso digestivo, pero en general la digestión es un proceso autónomo, es decir, se lleva a cabo de forma inconsciente e involuntaria, por lo tanto, por qué pensar en ello, a una cita que hoy deberíamos preocuparnos por cómo masticamos, no solo masticas todos los días, el simple acto de masticar conscientemente, es en realidad una de las mejores formas de mejorar la digestión, absorción de más nutrientes de los alimentos que consume, para poder mantener un peso saludable, disfrutar y saborear la comida, comer más conscientemente para la reducción del estrés.

Todos estos beneficios, se logran cambiando hábitos de alimentación.

Entonces, cómo puedes meter a tu rutina el mejorar tu masticar, te diré exactamente cómo adoptar mejores hábitos de masticar para un alimento más consciente.

Masticar conscientemente es el acto de comer más lentamente y con más atención, cuando masticas concienzudamente, masticas tu comida correctamente, no tienes prisa. Masticar más veces de lo que normalmente lo haces, en promedio, como resultado, nuestra digestión se beneficia también nuestra mente, si bien puede no parecer muy importante, el acto de masticar la comida, es esencial para su salud y bienestar.

La masticación adecuada mediante una masticación consciente, es aún más importante, porque es necesaria para la digestión.

Existen numerosas razones por las que es necesario masticar de una forma eficiente si no lo hacemos lo suficientemente bien.

En su forma más simple, masticar, permite una digestión saludable de lo que comes, es el primer paso del proceso digestivo si, el proceso de masticación.

Sin este proceso, su cuerpo no podía absorber adecuadamente las funciones importantes, que se encuentran en sus alimentos, básicamente, esto se debe a que el acto, descompone los alimentos entre los más pequeños y si no masticaras cada comida sería incorrecto, porque conduciría a una baja absorción de nutrientes, mientras la comida está en sus intestinos y estómago.

También pueden presentarse otras complicaciones molestas como estreñimiento, indigestión, náuseas, dolor de estómago, dolor de cabeza, niveles bajos de energía y del estómago y entre otros síntomas.

Con el tiempo la falta de energía y nutrientes necesarios, puede conducir a problemas de salud aún mayores, como deficiencia de nutrientes, pérdida de masa ósea y el sistema inmunológico debilitado.

¿CUÁNTAS VECES DEBERÍAS MASTICAR TU COMIDA?

No hay un número fijo de veces que deberías masticar la comida.

por ejemplo, los que practicamos yoga, decimos que hay que ver beber los sólidos y masticar los líquidos.

Esto significa que debes masticar lo suficiente, para que los sólidos queden más digeribles, y los líquidos masticarlos, manteniéndolos en la boca hasta tomar la temperatura, de dentro de la boca para tragar.

Es posible que ciertamente puede usar la regla de treinta y dos veces si lo desea. Sin embargo, la mayoría de los médicos nutricionistas y científicos han desacreditado numerosos arbitrarios como estos.

Por el contrario, si estás masticando algo que es bastante duro, como un trozo de fruta, querrá masticarlo muchas más veces, lo mismo ocurre con los trozos grandes de alimentos crujientes como rodajas de pepino, galletas saladas, masticas consciente.

No se trata de seguir un protocolo específico en cambio, se trata de todo el proceso de radicalmente cambiar la alimentación, ser más consciente y gentil con la forma en que consume los alimentos.

Sí, es simplemente alguien que le gusta tener reglas en lo que respecta a las recomendaciones de salud, piense en la alimentación consciente en términos de alcanzar la consistencia y o el tiempo deseado, en lugar de la cantidad de veces que mastica.

CAMBIANDO LOS HABITOS DE ALIMENTACIÓN

Cuando come tiene que, hacer una cosa a la vez, o sea, solamente comer y poner toda su atención en ella como tal se sentirá menos estresado, masticar con conciencia se relaciona con la atención plena, en el proceso, y no en realizar múltiples tareas durante una comida, eso significa no leer, mirar televisión, jugar con su teléfono o dejar que su mente divague en lugares demasiado lejanos, mientras mastica y come.

Sabemos qué es la alimentación consciente que es masticar es solo una parte de la alimentación y la digestión, en realidad, existe una práctica de atención plena, que incluye masticar, pero también cubre los otros pasos involucrados en el proceso de comer. Después de todo, comer es más que masticar este proceso, se llama alimentación consciente.

Uno de los mayores partidarios de esta práctica es el monje budista vietnamita,Thich Nhat Hanh que lo he citado anteriormente. Lo que dice este monje sobre la alimentación consciente, ha escrito y hablado sobre este acto.

Dice que puede traerle grandes alegrías y bienestar en su vida, utiliza la alimentación consciente como un ejemplo, en que puede utilizar la atención plena en su vida diaria, básicamente en cualquier actividad, es decir, los mismos principios que aplica a la alimentación consciente, se puede aplicar a cualquier tarea que emprende.

Tiene enseñanzas sobre la práctica de la alimentación consciente, hace referencian a cuanto se disfruta, de una naranja, se mastica una manzana o se bebe té, todos los actos individuales deben cuidarse de la manera más delicada y atenta, el objetivo de la alimentación consciente, sirve para, concentrarse plenamente en cada acto y movimiento que realice, concéntrese en como los cinco sentidos se ven afectados, por lo que está haciendo en cada momento.

Al comer una manzana, por ejemplo, este monje dice lo siguiente, tómela como si tuviera una comunión con ella, apreciando su textura, el perfume.

Las texturas variadas, cogen una pieza bien a lo largo de la jugosa carne, se siente diferente cada textura, lleva una rebanada de manzana a la boca, siente la fragancia en los labios.

Observa la manzana, fíjate en su color en la proporción siente que es esencial, tócala adecuadamente recuerde, aquí no hay un

número fijo de masticables.

Una vez que traga ¿qué sucedió?, ¿lo ha visto? felicitaciones, está practicando la masticación consciente.

Aplicar prácticas de alimentación consciente en otras tareas diarias en general, comer es una tarea agradable, pero recuerde que las prácticas de atención plena que utilizas con la alimentación, también se puede aplicar a otras tareas diaria plena sea una mala idea, o sea hacerlo todo con placer.

Intenté prepararse un refrigerio, sin la música, su teléfono inteligente, la televisión, y su computadora, vas a comer en silencio que no cunda el pánico, confíe en lo que le estoy diciendo, cuando decimos que puede ser una experiencia verdaderamente agradable. Prepara tu comida, comerás en la mesa, asegúrese de no comer en el sofá, ni de pie o mientras camina por la cocina, haciendo otra cosa.

Para preparar su mesa, esté atento mientras limpia lentamente de migas escombros con cada movimiento, presta atención a sus sensaciones, en este caso, tacto, oído, vista y olfato.

Cómo puede afectar la salud física, mejores hábitos de masticar a través de una alimentación consciente como muchas cosas, un buen hábito engendra otro, lo que a su vez crea otro buen hábito, y así sucesivamente, esto es ciertamente el caso de la masticación, consciente cuando lo hace realmente al adoptar una práctica completa de alimentación consciente, también llevará a cabo otros comportamientos alimentarios, idealmente, uno de ellos comerá una dieta más equilibrada

Tanto su salud física como mental puede beneficiarse enormemente de una mejor alimentación.

Cuando elija comer de manera consciente, intente consumir alimentos que sean buenos para usted y estén llenos de nutrientes en general, su dieta debe evitar el alcohol y la cafeína y en cambio debe centrarse en un buen equilibrio de los siguientes frutas y vegetales.

Proteínas magras que incluyen pescado, aves, carne, huevos, nueces, frijoles. productos ricos en calcio, granos integrales como arroz integral, avena y bulgur trigo, confort, grasas saludables como el aceite de oliva y el aguacate, y mucha agua.

Todos en la familia pueden beneficiarse con el masticar y comer conscientemente en su mayor parte, esto entrará en un placer, durante la cena.

Por lo tanto, aquí algunos hábitos alimenticios saludables que puede intentar cultivar cada noche, durante la cena intentar comer a la misma hora todas las noches, siempre comer en la mesa, te puedo ayudar en un sentido de coherencia.

Hacer amena la mesa es algo que mejorará la digestión y la regulación metabólica para todos, además, esto libera una sensación de rutina en cada uno, es especialmente bueno para todos.

Convierte la mesa una zona libre de dispositivos la atención plena en la mesa. de la cena, dejando teléfonos, tableta, juegos y otros dispositivos en la habitación contigua, cultive la comunicación positiva durante la cena, si bien la alimentación consciente a menudo se realiza solo, o en silencio, aún puedes comer una comida consciente mientras se conecta y se comunica con su familia, trate de mantener prácticas alimenticias conscientes.

Pero también use ese tiempo, para preguntar sobre los días de los demás, comparta algo que haya aprendido recientemente o cuente una historia divertida.

COMER CONSCIENTEMENTE EN EL TRABAJO

También puede practicar la masticación y la alimentación consciente mientras trabaja, además de todos los demás beneficios de la atención plena que hemos mencionado hasta ahora.

Practicar esas acciones conscientes en el trabajo, en realidad puede hacerte más productivo, todo se reduce al acto de tomar un descanso.

Muchos de nosotros pensamos que trabajar durante el almuerzo realmente la mejor manera de hacer nuestras tareas más rápido, mejor y más eficientemente, de hecho, es mucho más efectivo tomarse un tiempo para concentrarse completamente su comida a la hora del almuerzo, un refrigerio o durante un descanso.

En esta línea, cuando se trata de comer en el trabajo, aléjese de su historia, incluso puede salir a buscar a un banco a una mesa de picnic, donde pueda comer. No traigas su teléfono, tómese el tiempo suficiente para masticar y comer lentamente de aquí que todas las pautas sobre las que han leído hasta ahora, una alimentación consciente.

¿Preguntas frecuentes puedes perder peso al masticar más? El aumento de la pacificación definitivamente ayuda al proceso de alimentación, debido a que sabemos que a veces los olores de hambre son más fríos, más fuertes, cuando comenzamos a comer. Tendemos a comer más rápido de lo que los dolores de hambre pueden desaparecer, por lo tanto, masticar más lentamente, puede ayudarnos a reducir el ritmo de alimentación en general, a su vez, esto podría ayudarnos a consumir menos calorías en cada comida o refrigerio, algo en su día puede ayudarlo para después, pues la alimentación consciente, ayudarlo a perder peso.

Vale la pena hacer ante el consumo de menos calorías en cada comida o de refrigerio, debe ser su único objetivo para comer de una vida más consciente.

Hay muchas razones para este probablemente, que otro artículo, pero en general es fácil considerar la alimentación sin sentido como uno de los culpables, el consumo excesivo de calorías, esto solo tiene sentido si no prestas atención a lo que comes, sino que te desplazas por las redes sociales de tu teléfono, miras, televisión, juegas videojuegos o realizas otras actividades que te distraigan.

No vas a consumir la cantidad de comida que necesita, más probable que consuma en exceso. Cuando está consciente de su alimentación, no está tan pronto como se siente ya saciado, puede dejar de comer en ese momento para que realmente obtenga suficiente comida, pero no más de lo necesario.

Hasta aquí he compartido con ustedes el camino. A la libertad. Del ser. ¿Estás dispuesto a cambiar, la forma de vida? que ha llevado, hasta el momento.

Como ya sabes, con lo que has leído estamos compuestos. Como una triada perfecta, cuerpo, alma y espíritu.

Todo parte de este, el envase desde el cuerpo. El saber cuidar el alma y el espíritu que poseemos.

Entonces tenemos que estar dispuestos a cambiar. Nuestra forma de ver las cosas. De ahora en adelante, si queremos liberar nuestro ser, tener una libertad plena y conocimiento de nuestro propio ser. Todo el mensaje. Está escrito aquí. No lo he inventado yo. Por los siglos de los siglos, vienen informándonos sobre la metafísica.

CONCIENCIA UNIVERSAL.

Que tu vida se vea. colmada. de amor, esos son mis deseos para ti y para toda la humanidad.

Ha sido un gusto escribir este libro, para ti, que lo estás leyendo y para todo el que llegue a hacerlo.

Te saluda desde el corazón Universal.

Aurora Zully Salinas Moris.

Gracias por elegirme.

www.ingramcontent.com/pod-product-compliance
Lightning Source LLC
Chambersburg PA
CBHW050009230526
45465CB00003BB/1335